ÉLÉMENTS
D'ALGÈBRE

A L'USAGE

DES CLASSES MOYENNES

DU COLLÈGE ROYAL FRANÇAIS

PAR

O. BAER,
DOCTEUR EN PHILOSOPHIE.

BERLIN.
GEORGE REIMER, IMPRIMEUR-LIBRAIRE.
1885.

TABLE DES MATIÈRES.

Chapitre I.

Notions préliminaires.

§ 1. Emploi des lettres et des signes.

1. Les quatre opérations fondamentales de l'Arithmétique.

L'addition s'indique par le signe $+$ (lisez *plus*). $18+3$ exprime qu'on doit ajouter 3 à 18, ou augmenter 18 de 3. Le résultat de l'addition s'appelle *somme* ou *total*, les deux nombres sont les *termes* de la somme.

La soustraction s'indique par le signe — (lisez *moins*). $18-3$ exprime qu'on doit soustraire 3 de 18, ou diminuer 18 de 3. Le résultat de la soustraction s'appelle *différence, reste* ou *excès*. Les deux nombres sont les *termes* de la différence. Le 1er terme est le nombre dont on soustrait *(numerus minuendus)*, le 2e est le nombre que l'on soustrait *(numerus subtrahendus)*.

La multiplication s'indique par le signe $\times$ ou par un point, qu'on énonce *multiplié par*. 18.3 signifie qu'on doit multiplier 18 par 3, ou prendre 18 3 fois. Le résultat de la multiplication s'appelle *produit*. Le nombre répété plusieurs fois prend le nom de *multiplicande*, le nombre qui indique combien de fois on répète le multiplicande, se nomme *multiplicateur*. Le multiplicande et le multiplicateur sont les deux *facteurs* du produit.

La division s'indique par le signe : *(divisé par)*. $18:3$ signifie qu'on doit diviser 18 par 3. Le résultat de la division s'appelle *quotient*. Le nombre qu'on doit diviser prend le nom de *dividende*, celui par lequel on divise se nomme *diviseur*. Le dividende et le diviseur sont les deux *termes* du quotient. La division s'indique aussi par un trait horizontal, au-dessus duquel on écrit le dividende, au-dessous, le diviseur; on le prononce souvent *sur*.

L'addition et la soustraction sont les opérations du 1er ordre, la multiplication et la division sont celles du 2e ordre.

2. Emploi des lettres. En *Algèbre*, dont l'objet est de faciliter, d'abréger et de généraliser la résolution des problèmes d'arithmétique, on se sert des lettres pour représenter des nombres (inconnus ou indéterminés). Une lettre, comme a, b, c . . ., désigne un nombre quelconque; toutefois, dans tout le cours d'un calcul, elle représente toujours le même nombre.

On nomme *expression algébrique* ou *littérale* un assemblage de lettres et de nombres réunis entre eux par des signes d'opérations.

Les expressions simples sont $a+b$, $a-b$, $a.b$, $a:b$.

On supprime souvent le signe de multiplication, à moins qu'il ne se trouve entre deux facteurs numériques.

On distingue dans un produit tel que $3a$ le *coefficient* et le *facteur littéral*. Le coefficient est le multiplicateur numérique placé, par exception, à gauche de la quantité multipliée. Ainsi $3a$ indique que a est répété 3 fois; 3 est le coefficient, a le facteur littéral. $1a$ n'est autre chose que a.

3. Égalités et inégalités. Pour exprimer que 2 quantités a et b sont égales, on met entre elles le signe $=$ *(égale)*, et l'on appelle *égalité* la notation $a=b$. Une égalité a 2 *membres;* ce sont les 2 quantités séparées par le signe $=$; celle qui est à gauche est le *premier membre,* celle qui est à droite est *le second.*

Pour exprimer l'inégalité de deux quantités, on se sert des signes $>$, *plus grand que*, et $<$, *plus petit que;* leur ouverture est toujours tournée du côté de la plus grande quantité. On donne le nom *d'inégalité* à chacune des notations: $a>b$, $c<d$.

On peut échanger entre eux les deux membres d'une égalité; on peut aussi échanger les deux membres d'une inégalité, mais à condition d'en renverser le sens.

Une *formule* est une égalité qui énonce une proposition ou une règle de calcul au moyen de signes algébriques.

Par exemple $\frac{a}{b} \cdot c = \frac{ac}{b}$.

4. Parenthèses. L'addition des deux nombres a et b ne peut que *s'indiquer*, mais on peut *l'effectuer* quand on attribue aux lettres des valeurs déterminées. Il en est de même des autres opérations.

Pour indiquer une opération à effectuer sur une expression, on met cette expression dans une *parenthèse* ou entre *crochets*. Soit par exemple la somme $a+b$ à multiplier par c: on écrira $(a+b)c$, et la *valeur numérique* de cette expression composée, pour $a=2$, $b=3$, $c=4$, sera

$$(2+3).4=5.4=20.$$

Une *parenthèse* exprime donc que tout ce qu'elle renferme doit être considéré comme une seule quantité. La *valeur numérique de la parenthèse* est le nombre résultant des diverses opérations qui y sont indiquées.

Pour abréger la notation algébrique, on est convenu d'omettre la parenthèse dans certains cas.

5. Calcul des expressions numériques. Dans une expression où il y a plus d'une opération à effectuer, l'ordre dans lequel on les effectue est différent, suivant la nature de l'expression:

Lorsque l'expression donnée contient des parenthèses, ce sont celles-là qu'on évalue en premier lieu. Mais l'expression ne renfermant point de parenthèses, si toutes les opérations sont de même ordre, on les effectue en allant de gauche à droite; si les opérations sont d'ordres différents, on commence par effectuer celles d'un ordre supérieur.

Pour calculer la valeur d'une expression littérale, il faut d'abord substituer à chaque lettre la valeur qui lui est attribuée.

Exemple. $[2a-(b+c)]:3$ signifie que l'excès du double de a sur la somme des nombres b et c doit être divisé par 3. En mettant les valeurs particulières 6, 5 et 4 respectivement à la place des lettres a, b et c, on a

$$\begin{aligned}[2.6-(5+4)]:3 &= [2.6-9]:3 \\ &= [12-9]:3 \\ &= 3:3 \\ &= 1.\end{aligned}$$

On voit donc que l'on commence par le calcul de la parenthèse intérieure.

6. Analyse des expressions. Quand on veut analyser une expression donnée, c'est-à-dire en expliquer la nature et la composition, on examinera quelle serait la *dernière* opération à faire pour avoir la valeur numérique de l'expression.

Dans ce but on cherche d'abord les signes $+$ et $-$ qui ne se trouvent pas entre parenthèses. S'il y en a, l'expression est une somme ou une différence, suivant que le dernier de ces signes est $+$ ou $-$; s'il n'y a pas de ces signes, l'expression est un produit ou un quotient, suivant que le dernier signe qui ne se trouve pas entre parenthèses indique une multiplication ou une division.

Exemples. 1) $a-b:c+d$ est une somme, dont le 1er terme $a-b:c$ est la différence entre a et le quotient $b:c$.

2) $a-b:(c+d)$ est une différence, dont le 2e terme est le quotient de b par la somme $c+d$.

3) $(a-b):(c+d)$ est un quotient, ayant la différence $a-b$ pour dividende et la somme $c+d$ pour diviseur.

7. Règles spéciales sur l'emploi des parenthèses. Une parenthèse est inutile et peut être omise toutes les fois que la signification de l'expression n'est point altérée par cette omission.

1. *Une somme ne se met pas dans une parenthèse quand elle doit être augmentée ou diminuée d'une quantité. Dans tous les autres cas elle se met dans une parenthèse.*

La même règle s'applique à une différence. Ainsi les expressions $a+b-c$ et $(a+b)-c$ sont équivalentes.

2. *Un produit dont les facteurs sont liés entre eux par un point, ne se met dans une parenthèse que quand il est multiplicateur ou diviseur d'une quantité.*

La même règle s'applique à un quotient indiqué par deux points.

2bis. *On ne place jamais entre parenthèses un produit dont les facteurs se suivent sans aucun signe, ni un quotient indiqué par un trait horizontal.*

Ainsi on écrit

$$a:(b.c) \text{ ou } a:bc,$$
$$a:(b:c) \text{ ou } a:\frac{b}{c}\cdot$$

3. *Le trait horizontal tient lieu d'une parenthèse. Il s'ensuit qu'on ne met jamais entre parenthèses les deux termes d'un quotient indiqué par le trait.*

On écrit donc

$$(a+b):c \text{ ou } \frac{a+b}{c},$$
$$c.[(a+b):(a-b)] \text{ ou } c\cdot\frac{a+b}{a-b}\cdot$$

8. Polynômes et monômes. Une somme dont le premier terme est lui-même une somme, est regardée ordinairement comme une somme de trois termes, et ainsi de suite.

$a+b+c$ est une somme de 3 termes,
$a+a+a+a$ une somme de 4 termes égaux.

Un *polynôme* est une expression qui peut se décomposer en plusieurs parties liées *seulemeut* par les signes d'addition ou de soustraction. Ces parties sont les *termes* du polynôme. Les termes précédés du signe $+$ sont dits *additifs*, les termes précédés du signe — *soustractifs*. Le premier terme, qui n'a pas de signe, doit être regardé comme additif.

Le polynôme $a-b-c+d$ a 2 termes additifs et 2 termes soustractifs.

Un polynôme se nomme *binôme* quand il a deux termes, *trinôme*, quand il en a trois.

On appelle *monôme* une expression qui ne contient, en dehors des parenthèses, aucun des signes $+$ et $-$, comme

$$4a, \quad 3(b+c), \quad \frac{d-e}{n}\cdot$$

On dit que deux termes d'un polynôme ou deux monômes sont

semblables, lorsqu'ils sont composés d'une même partie littérale. Ils ne peuvent différer que par le signe et par le coefficient. Ainsi dans le trinôme $10x-x(8+y)-2x$, le premier terme est semblable au 3e.

§ 2. Objet et données de l'arithmétique.

9. Grandeur. Nombre. Dans les sciences mathématiques, on appelle *grandeur* ou *quantité* tout ce qui est composé ou peut être conçu comme composé de parties de même espèce. Toute grandeur est, par suite, susceptible d'augmentation et de diminution.

Par exemple, les lignes, les surfaces, les temps sont des grandeurs; de même, un groupe d'arbres, un régiment de soldats, enfin toute collection d'objets de même nature.

Les grandeurs se divisent en *grandeurs continues* et en *grandeurs discrètes ou numériques.* Les grandeurs continues sont celles dont les parties se tiennent sans solution. Les grandeurs discrètes se composent de parties séparées.

On acquiert une idée précise d'une grandeur en cherchant comment elle s'est formée par la répétition d'une grandeur de même espèce, appelée *unité*, ou en d'autres termes en cherchant combien d'unités sont contenues dans la grandeur. Le résultat de cette opération s'appelle un *nombre.*

L'Arithmétique est la science des nombres.

Un nombre est dit *concret* quand il exprime des unités d'espèce déterminée. Par exemple, trois plumes; ici *plume* est le nom de l'unité concrète. Au contraire, quand on fait abstraction de la nature de l'unité, on a un *nombre abstrait*, par exemple, trois. L'unité abstraite, c'est le nombre *un.*

En joignant l'unité à elle-même, on forme le nombre *deux;* en ajoutant l'unité au nombre *deux*, on a le nombre *trois*, et ainsi de suite indéfiniment. On obtient donc la *suite des nombres naturels* (ou *entiers*) en ajoutant constamment l'unité au dernier nombre formé. La suite des nombres est illimitée.

Pour se faire une idée claire de cette suite naturelle et des opérations de calcul, on peut représenter les nombres par les points d'une ligne droite.

A cet effet on prend, sur une ligne droite horizontale, un point fixe, auquel on fait correspondre le nombre *un*, et à partir de ce point on porte sur la ligne dans un sens convenu, vers la droite par exemple, une longueur quelconque autant de fois qu'on voudra. Les points de division successifs peuvent être considérés comme représentant les nombres 2, 3, 4 . . .

On écrit tous les nombres au moyen de dix caractères, appelés *chiffres*. Neuf d'entre eux servent à désigner les neuf premiers nombres; le dixième chiffre est 0 *(zéro)* et sert à indiquer qu'il n'y a point d'unités de l'ordre correspondant. (Systèmes de numération. Valeur absolue et valeur relative ou de position d'un chiffre.)

Il résulte de l'idée de la pluralité ou du nombre que, dans quelque ordre qu'on place des objets et de quelque manière qu'on les divise en groupes, le nombre de ces objets reste toujours le même.

Deux nombres sont dits *égaux* si l'on peut faire correspondre, par la pensée ou autrement, une première unité de l'un avec une première unité de l'autre, une seconde avec une seconde, et ainsi de suite jusqu'à ce que toutes les unités soient épuisées de part et d'autre.

On définit d'une manière analogue un nombre *plus grand* ou *plus petit* qu'un autre.

10. Axiomes. 1. *Toute quantité est égale à elle-même.*

2. *Le tout est égal à la somme de toutes ses parties, et plus grand que chacune d'elles.*

3. *Deux quantités égales peuvent se substituer l'une à l'autre.*

Il résulte de là que *deux quantités égales chacune à une troisième sont égales l'une à l'autre.*

Si l'on a $a = c$

et $b = c,$

il en résulte $a = b.$

Pareillement, des égalités $a = b$, $b = c$, $c = d$, résulte l'égalité $a = d$.

CHAPITRE II.

OPÉRATIONS DU PREMIER ORDRE.

§ 1. ADDITION.

11. Définitions. — *Ajouter* à un nombre a un autre b, ou *additionner* les nombres a et b, c'est trouver un troisième nombre qui renferme toutes les unités contenues dans les nombres donnés. La *somme* trouvée s'écrit $a+b$. Voyez n° 1.

On appelle *somme de plusieurs nombres* le résultat que l'on obtient en ajoutant au premier nombre le second, puis à la somme le troisième, et ainsi de suite (n° 8).

$$a+b+c \text{ signifie } (a+b)+c.$$

Il résulte de la définition même 1° qu'*on ne peut additionner que des grandeurs de même espèce*, 2° que *la somme est de même espèce que les grandeurs réunies.*

$$11\text{m}+3\text{m} = 14\text{m}.$$

L'addition de plusieurs nombres de noms différents est impossible, à moins qu'on ne puisse leur donner un nom qui convienne à tous. Le total de 30 pommes et de 20 poires, par exemple, pourrait s'exprimer par 50 fruits.

Remarque. Pour faire l'addition des nombres 5 et 3, il suffirait de compter dans la suite des nombres, à partir du premier nombre, autant d'unités qu'il y en a dans le second, ou encore *d'avancer* sur la ligne droite (n° 9), à partir du point 5, de 3 unités vers la droite. Le nombre ou le point auquel on arrive ainsi, représente la somme demandée.

12. Théorème. — *La somme de plusieurs nombres ne change pas, quel que soit l'ordre dans lequel on les ajoute. (Propriété commutative.)*

$$a+b = b+a.$$

En effet, on peut compter les unités contenues dans la somme $a+b$ dans tel ordre qu'on voudra (n° 9).

De même, $a+b+c = a+c+b = b+a+c$ etc.

13. Théorème. — *Au lieu d'ajouter une somme à un nombre, on peut ajouter successivement ses termes,* c'est-à-dire ajouter d'abord l'un des termes au nombre, puis un autre au résultat obtenu et ainsi de suite. *(Propriété associative.)*

$$m+(a+b) = m+a+b.$$

Démonstration. — La somme $m+(a+b)$ ne change pas de valeur quand on intervertit l'ordre de ses deux termes. On obtient donc $(a+b)+m$ ou $a+b+m$, ou en intervertissant encore une fois, $m+a+b$.

Réciproquement, *au lieu d'ajouter successivement plusieurs quantités, on peut ajouter leur somme.*

$$m+a+b = m+(a+b).$$

14. Corollaires. — 1. *Pour ajouter des monômes semblables, il suffit d'ajouter leurs coefficients.*

Car le coefficient d'un monôme indiquant combien de fois la quantité littérale doit être répétée, chaque monôme revient à une somme d'autant de termes égaux que l'indique le coefficient. Par conséquent

$$\begin{aligned} 2a+3a &= (a+a)+(a+a+a) \\ &= a+a + a+a+a \qquad (\text{n}^\circ\ 13) \\ &= 5a. \end{aligned}$$

La somme de monômes non semblables ne peut que s'indiquer, par exemple $2a+3b$.

2. *Dans une somme de plusieurs termes, on peut remplacer un nombre quelconque de termes par leur somme effectuée.*

$$\begin{aligned} a+14+b+16 &= a+b+30, \\ a+14c+b+16c &= a+b+30c. \end{aligned}$$

15. Théorème. — *Si à deux quantités égales on ajoute une même quantité ou deux quantités égales, les sommes seront égales.*

Des égalités

$$\begin{aligned} a &= b, \\ c &= d, \end{aligned}$$

on déduit

$$a+c = b+d.$$

On a, en effet, $a+c = a+c$. En substituant, dans le second membre de cette égalité, b à a et d à c (n° 10,3), il vient

$$a+c = b+d.$$

Ce théorème s'énonce souvent comme suit: *On peut ajouter deux égalités membre à membre.*

§ 2. SOUSTRACTION.

16. Définition. D'un nombre a en *soustraire* un autre b, c'est trouver un troisième nombre qui, ajouté au second, reproduise le premier. La *différence* trouvée s'écrit $a-b$. Voyez n° 1.

Il résulte de là

$$1^\circ \quad b+(a-b) \quad \text{ou} \quad (a-b)+b = a;$$
$$2^\circ \qquad (a+b)-b = a,$$

car a est bien le nombre qui augmenté de b donne $a+b$ pour somme.

Les deux formules précédentes expriment la proposition: *L'addition et la soustraction d'une même quantité se détruisent l'une l'autre.*

On voit que la soustraction est l'opération par laquelle, connaissant une somme et l'une de ses deux parties, on détermine l'autre partie. *La soustraction est,* par suite, *l'inverse de l'addition.*

Ainsi, si

$$x+8 = 25,$$

il s'ensuit

$$x = 25-8.$$

La *preuve* de la soustraction se fait par une addition. Si à la différence trouvée on ajoute la quantité retranchée, on doit retrouver la quantité dont on l'a retranchée.

On appelle en général *preuve* d'une opération une seconde opération qui sert à vérifier le résultat de la première.

17. Corollaire. *Pour soustraire des monômes semblables l'un de l'autre, il suffit de soustraire leurs coefficients l'un de l'autre.*

$$10a-4a = 6a,$$
$$\text{car} \quad 6a+4a = 10a \quad (\text{n}^\circ\ 14).$$

Remarque. Pour faire une soustraction à l'aide de la représentation graphique des nombres (no 9), on *recule,* sur la ligne droite, à partir du point qui représente le plus grand nombre, d'autant d'unités qu'il y en a dans le plus petit. Le point que l'on rencontre ainsi représente la différence demandée.

18. Définition. La différence de deux nombres égaux est désignée par 0 *(zéro).*

$$a-a=b-b=0.$$

Il en résulte que

$$a+0=0+a=a$$

et

$$a-0=a,$$

c'est-à-dire qu'*un nombre ne change pas quand on l'augmente ou qu'on le diminue de* 0.

0 est regardé comme le nombre qui précède 1 dans la suite des nombres.

19. Théorème. *Si de deux quantités égales on soustrait une même quantité ou deux quantités égales, les restes seront égaux,* ou, en d'autres termes, *on peut soustraire membre à membre une égalité d'une autre égalité.*

Des égalités

$$a=b,$$
$$c=d,$$

on déduit

$$a-c=b-d.$$

Pour la démonstration voyez no 15.

20. Théorème. *Il est indifférent dans quel ordre on effectue une addition et une soustraction qui se succèdent.*

$$a+b-c=a-c+b.$$

Démonstration. Le premier membre de la formule signifie la différence entre $a+b$ et c. Cette différence sera égale au second membre, si en y ajoutant c on reproduit $a+b$. Or cette addition donne successivement $a-c+b+c$, puis, en échangeant les termes additifs (no 12), $a-c+c+b$, enfin $a+b$, puisque les deux termes $-c$, $+c$ se détruisent. Donc la formule à démontrer est vraie.

Inversement, $a-c+b=a+b-c$.

21. Théorème. *On peut soustraire dans tel ordre qu'on voudra.*

$$a-b-c = a-c-b.$$

En effet, si l'on augmente le second membre de c, on trouve $a-c-b+c$, d'où, en changeant l'ordre des opérations (20), l'on tire $a-c+c-b = a-b$.

Corollaire. *On peut intervertir à volonté l'ordre des termes d'un polynôme, sans en changer la valeur.*

$$\begin{aligned} a-b+c-d &= a-b-d+c \quad (\text{n}^\circ\ 20) \\ &= a-d-b+c \quad (\text{n}^\circ\ 21). \\ a-b+c-d &= a+c-b-d \quad (\text{n}^\circ\ 20) \\ &= c+a-b-d \quad (\text{n}^\circ\ 12). \end{aligned}$$

22. Théorème. *Au lieu de soustraire une somme, on peut soustraire successivement chacun de ses termes.*

$$m-(a+b) = m-a-b.$$

Démonstration. La différence $m-(a+b)$ sera égale à $m-a-b$, si en ajoutant à la dernière expression le second terme $(a+b)$, on reproduit le premier terme m. Or, cette somme est

$$m-a-b+(a+b)$$

ou

$$m-a-b+a+b \quad (\text{n}^\circ\ 13).$$

En intervertissant l'ordre des termes (n° 21), on a

$$m-a+a-b+b \quad \text{ou} \quad m \quad (\text{n}^\circ\ 16,\ 1^\circ).$$

Réciproquement, *au lieu de soustraire successivement plusieurs quantités, on peut soustraire leur somme.*

$$m-a-b = m-(a+b).$$

23. Théorème. *Au lieu d'ajouter la différence de deux nombres, on peut ajouter le premier et soustraire le second.*

$$m+(a-b) = m+a-b.$$

En effet,

$$\begin{aligned} m+(a-b) &= (a-b)+m \quad (\text{n}^\circ\ 12) \\ &= a-b+m \quad (\text{n}^\circ\ 7{,}1) \\ &= m+a-b \quad (\text{n}^\circ\ 21,\ \text{Cor.}). \end{aligned}$$

Réciproquement, *au lieu d'ajouter une quantité et de soustraire ensuite une autre plus petite, on peut ajouter leur différence*

$$m+a-b = m+(a-b) \quad \text{si} \quad a > b.$$

24. Théorème. *Au lieu de soustraire la différence de deux nombres, on peut soustraire le premier et ajouter le second.*

$$m-(a-b) = m-a+b.$$

En effet,

$$\begin{aligned} m-a+b+(a-b) &= m-a+b+a-b && (\text{n}^\circ\ 23) \\ &= m-a+a+b-b && (\text{n}^\circ\ 21\ \text{Cor.}) \\ &= m && (\text{n}^\circ\ 16). \end{aligned}$$

Réciproquement, *au lieu de soustraire une quantité et d'ajouter ensuite une autre plus petite, on peut soustraire leur différence.*

$$m-a+b = m-(a-b) \quad \text{si} \quad a > b.$$

25. Corollaire. Les théorèmes précédents font voir comment on peut simplifier un polynôme en *réduisant* les termes semblables *en un seul.* Par exemple

$$\begin{aligned} a+7b+4b &= a+11b && (\text{n}^\circ\ 13,\ \text{réc.}) \\ a-7b-4b &= a-11b && (\text{n}^\circ\ 22,\ \text{réc.}) \\ a+7b-4b &= a+\ 3b && (\text{n}^\circ\ 23,\ \text{rec.}) \\ a-7b+4b &= a-\ 3b && (\text{n}^\circ\ 24,\ \text{réc.}) \end{aligned}$$

Pour opérer plus rapidement la réduction de plus de deux termes semblables, on peut d'abord faire la somme des termes additifs et celle des termes soustractifs et puis soustraire la plus petite somme de la plus grande. Le signe du terme résultant sera celui qui correspond à la plus grande de ces sommes. Ainsi

$$\begin{aligned} 3a-15b+18b+b-5b &= 3a+19b-20b \\ &= 3a-b. \end{aligned}$$

26. Théorèmes d'addition et de soustraction des polynômes. 1. *Au lieu d'ajouter un polynôme, on peut ajouter les termes additifs et soustraire les termes soustractifs. On écrit donc les termes du polynôme, chacun avec son signe.*

2. *Au lieu de soustraire un polynôme, on peut soustraire les termes additifs et ajouter les termes soustractifs. On écrit donc les*

termes du polynôme, chacun avec le signe contraire.

$$m+(a-b+c-d) = m+a-b+c-d.$$
$$m-(a-b+c-d) = m-a+b-c+d.$$

Démonstration de la 2e formule. Le polynôme $a-b+c-d$ représente la différence entre le trinôme $a-b+c$ et d; le trinôme $a-b+c$ est la somme du binôme $a-b$ et de c. Par conséquent, en appliquant les nos 24 et 22, nous aurons successivement

$$\begin{aligned} m-(a-b+c-d) &= m-[a-b+c]+d \\ &= m-(a-b)-c+d \\ &= m-\ a+b\ -c+d. \end{aligned}$$

Remarque. Pour *faire disparaître une parenthèse*, on effectue l'opération indiquée sur elle. S'agit-il par exemple d'une opération du premier ordre, on aura recours aux théorèmes précédents pour supprimer la parenthèse.

$$\begin{aligned} a-[(b+c)-(d-e)] &= a-[b+c-d+e] \\ &= a-\ b-c+d-e, \end{aligned}$$

ou, en commençant par supprimer la parenthèse extérieure,

$$\begin{aligned} a-[(b+c)-(d-e)] &= a-(b+c)+(d-e) \\ &= a-\ b-c\ +\ d-e. \end{aligned}$$

Inversement, on peut *mettre dans une parenthèse* précédée du signe + plusieurs termes d'un polynôme; on peut aussi les renfermer dans une parenthèse précédée du signe —, mais à condition de changer leurs signes.

$$\begin{aligned} m+a-b+c &= m+(a-b+c) \\ &\text{ou } m-(b-a-c). \end{aligned}$$

27. Théorème. *Une différence ne change pas de valeur lorsqu'on augmente ou qu'on diminue chacun de ses termes d'un même nombre.*

$$a-b = (a+m)-(b+m)$$
$$a-b = (a-\ n)-(b-\ n).$$

La démonstration repose sur les nos 22 et 24.

Remarque. Ce théorème justifie la règle connue de l'arithmétique d'après laquelle, pour rendre possible une soustraction partielle, on remplace mentalement p. ex. 83—47 par

8 dizaines 13 unités —5 dizaines 7 unités.

De même, la différence

$$\begin{array}{rr} 22^j & 4^h \\ -20^j & 13^h \end{array} \text{ est remplacée par } \begin{array}{rr} 22^j & 28^h \\ -21^j & 13^h. \end{array}$$

§ 3. Des nombres négatifs.

28. La soustraction nous conduit à une *extension de l'idée de nombre*. Jusqu'ici cette opération inverse ne pouvait se faire si la quantité à retrancher surpassait celle dont on devait la retrancher.

Or, pour rendre possibles des différences telles que 6—7, 6—8, etc., et pour écarter ainsi des restrictions embarrassantes dans le calcul littéral, on a introduit une nouvelle espèce de nombres.

Si l'on convient d'appliquer à de telles différences le théorème (nº 22) relatif à la soustraction d'une somme, on peut écrire

$$6-7=6-(6+1)=6-6-1=0-1 \quad \text{ou} \quad -1,$$
$$6-8=6-(6+2)=6-6-2=0-2 \quad \text{ou} \quad -2,$$

etc.; généralement, si $b=a+c$,

$$a-b=a-(a+c)=0-c \quad \text{ou} \quad -c,$$

c désignant $b-a$, c'est-à-dire l'excès du plus grand des deux nombres sur le plus petit.

Ainsi, 0—2 *ou* —2 *indique qu'il reste encore* 2 *unités à soustraire. Par opposition, la somme* 0+2, *qu'on écrit* +2, *indique qu'il y a* 2 *unités à ajouter.*

Définitions. *Un nombre négatif ou une quantité négative est une quantité isolée précédée du signe —. Une quantité positive est une quantité isolée précédée du signe +.*

Un nombre affecté du signe + ou — se nomme *algébrique*, tandis qu'un nombre sans signe est dit *absolu*. On distingue dans un nombre algébrique la *valeur absolue* et la *valeur relative:* la valeur absolue est le nombre, abstraction faite du signe; la valeur relative est le nombre avec son signe. Par suite, un nombre positif est équivalent à sa valeur absolue.

Corollaire. On forme la suite des nombres positifs et négatifs en soustrayant constamment l'unité du dernier nombre obtenu. On a $2-1=1$, $1-1=0$, $0-1=-1$, $-1-1=-2$, etc., en sorte que *l'échelle numérique*, ainsi étendue au delà de zéro, est

$$\ldots,\ -3,\ -2,\ -1,\ 0,\ +1,\ +2,\ +3,\ \ldots$$

Elle a une région positive et une région négative, dont l'origine commune est le nombre 0.

Quant au rapport de grandeur entre deux nombres, il est évident qu'*un nombre pris dans cette suite est plus grand que tout nombre placé à sa gauche, et plus petit que tout nombre placé à sa droite.* En particulier, un nombre positif quelconque est plus grand que 0 et que tous les nombres négatifs; 0 est plus grand que tout nombre négatif; et de deux nombres négatifs, le plus grand est celui dont la valeur absolue est la plus petite.

$$(+4)>0>(-5)$$
$$(-4)>(-10).$$

Sur la ligne droite qui sert à la représentation graphique (nº 9), les points situés à gauche du point 1 correspondent aux nombres 0, —1, —2, etc., et deux points également distants du point 0 représentent deux nombres égaux, c'est-à-dire ayant la même valeur absolue, mais de signes contraires.

Il est facile de voir qu'ajouter un nombre absolu à un nombre positif ou négatif, c'est marcher dans le sens des nombres croissants, et que soustraire un tel nombre, c'est marcher en sens inverse.

$$(-4)+5=+1 \quad \text{ou} \quad 1,$$
$$(-4)-5=-9.$$

Remarque. Il y a de nombreux exemples de *grandeurs susceptibles d'être comptées dans deux sens opposés,* dont l'un les présente comme devant être ajoutées, tandis que l'autre les présente comme devant être retranchées. Tels sont l'actif et le passif d'un négociant, le gain et la perte d'un joueur, le temps après et avant l'ère chrétienne, le temps à venir ou passé, les degrés au-dessus et au-dessous du zéro d'un thermomètre, les distances portées sur une ligne à droite ou à gauche d'un point. On regarde ces grandeurs comme positives dans un sens et comme négatives dans le sens contraire.

29. Définition. *Ajouter un nombre positif*, c'est ajouter la valeur absolue du nombre. *Ajouter un nombre négatif*, c'est soustraire sa valeur absolue.

$$m+(+a) = m+a.$$
$$m+(-a) = m-a.$$

Remarque. Si l'on admet que dans l'addition a unités négatives détruisent a unités positives, on voit que cette définition concorde avec la primitive (n° 11).

Corollaire. Une différence $m-a$ peut être regardée comme une somme composée de m et du nombre négatif $(-a)$. De même, *tout polynôme peut être considéré comme une somme de plusieurs quantités positives et négatives.*

$$a-b+c-d = (+a)+(-b)+(+c)+(-d).$$

On donne à une telle somme le nom de *somme algébrique*, pour la distinguer de la *somme arithmétique*, qui implique l'idée d'augmentation.

30. Règles sur l'addition algébrique. *On ajoute deux quantités de même signe en ajoutant leurs valeurs absolues et en donnant à la somme le signe commun.*

On ajoute deux quantités de signes contraires en soustrayant la plus petite valeur absolue de la plus grande et en donnant à la différence le signe de la plus grande.

$$(+a)+(+b) = +(a+b)$$
$$(-a)+(-b) = -(a+b)$$
$$(+a)+(-b) = +(a-b) \quad \text{pour} \quad a > b,$$
$$= -(b-a) \quad \text{pour} \quad a < b.$$

On emploie les parenthèses afin de mieux faire ressortir le signe d'opération et celui qui affecte et qualifie le nombre.

Exemples:

$$\begin{array}{r} +15 \\ +\ 6 \\ \hline +21 \end{array} \qquad \begin{array}{r} -15 \\ -\ 6 \\ \hline -21 \end{array} \qquad \begin{array}{r} +15 \\ -\ 6 \\ \hline +\ 9 \end{array} \qquad \begin{array}{r} -15 \\ +\ 6 \\ \hline -\ 9. \end{array}$$

31. Théorème. *Pour soustraire une quantité positive ou négative, on change d'abord son signe et on l'ajoute ensuite.*

$$m-(+a) = m+(-a) = m-a.$$
$$m-(-a) = m+(+a) = m+a.$$

En effet,

$$m - a + (+a) = m,$$
$$m + a + (-a) = m.$$

Remarques. 1. Il est bon de remarquer que quand on soumet un nombre négatif à une addition ou à une soustraction, il faut compter les unités dans un sens contraire à celui qui convient au cas d'un nombre absolu. (n° 28, Cor.)

2. *Tous les théorèmes sur l'addition et la soustraction* (n°s 12 à 27) *s'appliquent aussi au calcul des quantités positives et négatives, surtout au cas où la valeur d'un polynôme est négative.*

CHAPITRE III.

OPÉRATIONS DU SECOND ORDRE.

§ 1. MULTIPLICATION.

32. Définitions. 1. *Multiplier* un nombre par un autre, c'est répéter ou prendre le premier autant de fois qu'il y a d'unités dans le second. Le *produit* de a par b s'écrit $a.b$ ou ab. Voyez n° 1.

2. On appelle *produit de plusieurs nombres* le résultat que l'on obtient en multipliant le 1er nombre par le 2e, puis le produit ainsi formé par le 3e nombre et ainsi de suite.

$$abc \text{ signifie } (a.b).c,$$
$$abcd \text{ égale } [(a.b).c].d.$$

Corollaires. 1. La multiplication revient à une addition dans laquelle les nombres à ajouter sont égaux entre eux.

$$ab = a + a + a + \cdots,$$

le terme a étant répété b fois.

2. Il suit de la définition même que le multiplicateur doit être un nombre entier abstrait et que le produit est de même espèce que le multiplicande.

$$3m.4 = 12m.$$

3. Un produit dont un facteur est 1, est égal à l'autre facteur.

$$a.1 = a; \qquad 1.a = a.$$

Remarque. On peut aussi définir la multiplication comme l'opération par laquelle on forme un 3e nombre qui soit composé avec le multiplicande, comme le multiplicateur est composé avec l'unité.

33. Théorème. *Le produit de deux nombres abstraits ne change pas de valeur quand on change l'ordre des facteurs. (Propriété commutative.)*

$$5.3 = 3.5.$$

En effet, écrivons sur une même ligne 5 fois le nombre 1 et répétons cette ligne 3 fois. Nous formerons ainsi le tableau suivant:

$$\begin{matrix} 1 & 1 & 1 & 1 & 1 \\ 1 & 1 & 1 & 1 & 1 \\ 1 & 1 & 1 & 1 & 1, \end{matrix}$$

dans lequel le nombre total des unités est égal au produit de 5 par 3. Or, si l'on compte dans le sens vertical, on voit que chaque colonne verticale contient 3 unités; et comme il y a 5 colonnes, il s'ensuit que le nombre total des unités est aussi égal à 3.5. Donc les deux produits sont identiques.

Ce raisonnement étant applicable à deux nombres quelconques, on a généralement

$$ab = ba.$$

34. Théorème. *Au lieu de multiplier une somme par un nombre, on peut multiplier séparément chacun de ses termes par le nombre et ajouter les produits partiels ainsi obtenus. (Propriété distributive.)*

$$(a+b)m = am+bm.$$

Démonstration. Le produit de $(a+b)$ par m signifie une somme de m termes égaux à $(a+b)$. Dans cette somme on peut supprimer les parenthèses et ordonner les termes comme suit:

$$a+a+a+\cdots+b+b+b+\cdots$$

Les m premiers termes donnent am et les m derniers bm; on obtient donc

$$(a+b)m = am+bm.$$

35. Théorème. *Au lieu de multiplier une différence par un nombre, on peut multiplier chacun de ses termes et soustraire du premier produit partiel le second.*

$$(a-b)m = am-bm.$$

Démonstration.

$$\begin{aligned}(a-b)m &= (a-b)+(a-b)+\cdots,\quad m \text{ termes},\\ &= a-b+a-b+\cdots\\ &= a+a+\cdots-b-b-\cdots\\ &= am-bm.\end{aligned}$$

Corollaire.

$$\begin{aligned}(a+b-c)m &= (a+b)m-cm\\ &= am+bm-cm,\end{aligned}$$

résultat qu'il est aisé de traduire en langage ordinaire.

36. Théorème. *Au lieu de multiplier un nombre par une somme ou une différence, on peut le multiplier séparément par chaque terme et faire la somme, respectivement la différence des produits partiels.*

$$m(a+b) = ma+mb$$
$$m(a-b) = ma-mb.$$

En effet, quand on renverse l'ordre des facteurs dans les formules des nos 34 et 35, on a immédiatement celles qu'on veut vérifier.

Réciproquement, *une somme ou une différence de plusieurs produits ayant un facteur commun est égale au produit du facteur commun par la somme ou la différence des facteurs non communs.*

Par exemple,

$$ma+mb-mc = m(a+b-c).$$
$$20x-5 = 5(4x-1).$$

37. Théorème. *Pour multiplier un polynôme par un autre polynôme, on multiplie chaque terme du premier par chaque terme du second, en donnant le signe + au produit de deux termes de même signe, et le signe — au produit de deux termes de signes contraires.*

$$(a+b-c)(x-y) = ax+bx-cx-ay-by+cy.$$

Démonstration. Je représente la valeur du multiplicande par m; d'après le théorème au n° précédent, j'ai

$$m(x-y) = mx-my.$$

Dans le second membre, je remplace m par sa valeur et j'effectue les multiplications en vertu du corollaire n° 35, ce qui donne

$$(ax+bx-cx)-(ay+by-cy).$$

Enfin je supprime les parenthèses et j'obtiens

$$ax+bx-cx-ay-by+cy. \qquad \text{Donc etc.}$$

38. Théorème. *Au lieu de multiplier un produit par un nombre, on peut multiplier l'un de ses facteurs par ce nombre* (et le produit obtenu par l'autre). *(Propriété associative.)*

$$ab.c = ac.b \quad \text{ou} \quad bc.a.$$

Démonstration. Le produit ab signifie par définition la somme $a+a+a+\cdots$, le terme a étant répété b fois. Pour multiplier cette somme par c, il suffit de multiplier chaque terme par c, ce qui donne $ac+ac+\cdots$ ou bien $ac.b$.

Corollaire. *L'ordre des facteurs d'un produit est indifférent.* (n° 33.)

$$abc = acb = bac = bca = cab = cba.$$

Cette proposition, qui n'est démontrée ici que pour le cas de 2 ou de 3 facteurs, s'étend sans peine à un plus grand nombre de facteurs.

39. Théorème. *Au lieu de multiplier un nombre par un produit, on peut le multiplier par un facteur du produit, et puis le produit obtenu par l'autre facteur.*

Plus brièvement, *on peut multiplier successivement par les facteurs du produit.*

$$a.bc = abc,$$

$$\text{car} \quad a.bc = bc.a = abc. \quad \text{(n° 38.)}$$

Inversement, *au lieu de multiplier successivement par plusieurs nombres, on peut multiplier par leur produit.*

Corollaire I. Pour multiplier un produit par un autre produit, il suffit de former le produit de tous les facteurs.

$$acx.by = acxby = abcxy.$$

Corollaire II. Dans un produit on peut combiner à volonté plusieurs facteurs et les remplacer par leur produit effectué.

Inversement, on peut décomposer un facteur en plusieurs autres. Ainsi

$$125.5.7.2.8 = (125.8).(5.2).7 = 1000.10.7 = 70000.$$
$$3ab.4abb = 3.4aabbb = 12a^2b^3.$$

40. Multiplicateur négatif. Le multiplicande d'un produit peut être 0 ou un nombre négatif. Par exemple

$$0.3 = 0, \quad \text{car} \quad 0.3 = 0+0+0 = 0,$$
$$(-6).3 = -18, \quad \text{car} \quad (-6).3 = (-6)+(-6)+(-6) = -18.$$

Au contraire, si le multiplicateur est 0 ou un nombre négatif, le produit n'a par lui-même aucun sens, attendu que par définition un produit exprime une somme d'autant de termes qu'il y a d'unités dans le multiplicateur. Par conséquent il faut une nouvelle convention pour définir la multiplication par 0 ou par un nombre négatif.

Définitions. 1. Le produit d'une quantité par 0 représente 0.

2. *Multiplier* une quantité *par un nombre négatif*, c'est la multiplier par la valeur absolue du nombre et changer le signe du produit.

Il résulte de là

$$1^\circ \quad a.0 = 0.a = 0.$$

Un produit dont l'un des facteurs est 0 est égal à 0, et inversement, pour qu'un produit soit égal à 0, il faut que l'un des facteurs soit 0.

$$2^\circ \quad \begin{aligned} (+a).(+b) &= +ab, \\ (+a).(-b) &= -ab, \\ (-a).(+b) &= -ab, \\ (-a).(-b) &= +ab. \end{aligned}$$

Règle des signes. *Le produit de deux nombres de même signe est positif, le produit de deux nombres de signes contraires est négatif.* — La valeur absolue du produit s'obtient en multipliant les valeurs absolues des facteurs.

41. Corollaires. 1. Une conséquence importante de la définition (n° 40) est que *tous les théorèmes relatifs à la multiplication sont encore vrais pour un multiplicateur négatif.*

2. L'énoncé du théorème no 37 se simplifie si l'on considère un polynôme comme une somme algébrique. On dira alors: *Pour faire le produit de deux polynômes, on multiplie chaque terme de l'un par chaque terme de l'autre et l'on ajoute algébriquement les produits partiels.*

On dispose la multiplication de la manière suivante:

$$\begin{array}{l} (a-3b+4).(a+b-1) \\ \hline = aa-3ab+4a \\ \quad\quad +ab \quad\quad -3bb+4b \\ \quad\quad\quad\quad -a \quad\quad +3b-4 \\ \hline = aa-2ab+3a-3bb+7b-4. \end{array}$$

Remarque. Pour abréger l'écriture, on indique le produit $a.a$ par a^2, le produit $a.a.a$ par a^3, etc. On appelle a^2 (*a deux*) la 2e puissance ou le carré de a, a^3 (*a trois*) la 3e puissance ou le cube de a, a^4 (*a quatre*) la 4e puissance de a, etc.

$3a^2$ (*trois a deux*) signifie 3fois le carré de a ou $a^2+a^2+a^2$.

Le nombre des facteurs égaux est l'exposant de la puissance. On démontre aisément que $a^3.a^2=a^5$, c'est-à-dire que *pour multiplier deux puissances d'un même nombre, il suffit d'ajouter les exposants.*

42. Théorème. *Si l'on multiplie deux quantités égales par une même quantité ou par deux quantités égales, les produits seront égaux.* En d'autres termes, *on peut multiplier deux égalités membre à membre.*

Si l'on a

$$a = b$$

et

$$c = d,$$

on en conclut

$$ac = bd.$$

La démonstration repose sur ce que le produit de deux nombres quelconques n'a qu'une seule valeur.

§ 2. Division.

43. Définitions. *Diviser* un nombre par un autre, c'est trouver un troisième nombre qui multiplié par le second reproduise le premier.

Le *quotient* de a par b s'écrit $a:b$ ou $\frac{a}{b}$. Voyez n° 1.

Il résulte de là

$$1° \quad (a:b).b = a, \quad \text{ou} \quad \frac{a}{b}.b = a;$$

$$2° \quad (a.b):b = a \quad \text{ou} \quad \frac{a.b}{b} = a,$$

car a est bien le nombre qu'il faut multiplier par b pour avoir ab.

Les deux formules expriment que *la multiplication et la division par une même quantité se détruisent l'une l'autre.*

On voit encore que la division a pour but, connaissant un produit et l'un de ses facteurs, de trouver l'autre facteur. La division est donc *l'opération inverse* de la multiplication. Ainsi,

$$\text{si} \quad 7x = 63, \quad \text{il vient} \quad x = 63:7 = 9,$$

$$\text{et si} \quad x:12 = 13, \quad \text{il en résulte} \quad x = 13.12 = 156.$$

La *preuve* de la division consiste à multiplier le quotient par le diviseur, ou le diviseur par le quotient. On doit retrouver le dividende.

Corollaire I. Lorsque le dividende et le diviseur sont deux quantités de même espèce, le quotient est un nombre abstrait qui indique combien de fois le diviseur est contenu dans le dividende.

$$12\text{M} : 3\text{M} = 4, \quad \text{car} \quad 3\text{M}.4 = 12\text{M}.$$

Lorsque le diviseur est un nombre abstrait, le quotient est de même espèce que le dividende et il indique la grandeur d'une des parties dans lesquelles on a partagé le dividende.

$$12\text{M} : 3 = 4\text{M}, \quad \text{car} \quad 4\text{M}.3 = 12\text{M}.$$

Par suite, diviser revient ou à *mesurer* ou à *partager* suivant qu'on cherche le multiplicateur ou le multiplicande du produit. La division de deux nombres abstraits peut être envisagée de l'une ou de l'autre manière.

Corollaire II. Le quotient de deux nombres égaux est égal à 1. Le quotient d'un nombre par 1 est égal à ce nombre.

$$a:a \quad \text{ou} \quad \frac{a}{a} = 1.$$

$$a:1 \quad \text{ou} \quad \frac{a}{1} = a.$$

44. Théorème. *Au lieu de diviser un polynôme par un nombre, on peut diviser chaque terme par le nombre et ajouter ou soustraire les quotients obtenus.*

$$(a+b-c):n = \frac{a}{n}+\frac{b}{n}-\frac{c}{n}\cdot$$

En effet,

$$\left(\frac{a}{n}+\frac{b}{n}-\frac{c}{n}\right)\cdot n = \frac{a}{n}\cdot n+\frac{b}{n}\cdot n-\frac{c}{n}\cdot n \quad (\text{n}^\circ\ 35)$$

$$= a+b-c \quad (\text{par définition}).$$

45. Théorème. *Au lieu de diviser un produit par un nombre, on peut diviser un facteur quelconque du produit par ce nombre* (et multiplier le quotient obtenu par l'autre facteur).

$$\frac{a.b}{c} = \frac{a}{c}\cdot b,$$

$$\text{car} \quad \left(\frac{a}{c}\cdot b\right)\cdot c = \frac{a}{c}\cdot c\cdot b = a\cdot b.$$

Corollaires. 1. On peut multiplier et diviser dans tel ordre qu'on voudra.

$$a.b:c = a:c.b.$$

2. Si l'on divise un produit par un ou plusieurs de ses facteurs, on obtient le produit des autres.

Par exemple,

$$2abc : ac = 2b.$$

46. Théorème. *Au lieu de diviser un nombre par un produit, on peut diviser le nombre par un facteur du produit et puis le quotient obtenu par l'autre facteur.* Plus brièvement, *on peut diviser successivement par les facteurs du produit.*

$$\frac{a}{bc} = \frac{a}{b}:c \quad \text{ou} \quad a:(b.c) = a:b:c.$$

En effet, si l'on multiplie le 2e membre par bc, en le multipliant d'abord par c, et puis le résultat $\frac{a}{b}$ par b, on obtient le dividende a.

Réciproquement, *au lieu de diviser successivement par plusieurs nombres, on peut diviser par leur produit.*

47. Règle des signes. *Le quotient de deux nombres de même signe est positif, celui de deux nombres de signes contraires est négatif.* — La valeur absolue du quotient s'obtient en divisant la valeur absolue du dividende par celle du diviseur.

$$\frac{+a}{+b} = +\frac{a}{b}, \quad \frac{-a}{-b} = +\frac{a}{b},$$

$$\frac{+a}{-b} = -\frac{a}{b}, \quad \frac{-a}{+b} = -\frac{a}{b}.$$

C'est là une conséquence directe de la règle relative à la multiplication (n° 40). Le dividende étant positif, le quotient doit avoir le même signe que le diviseur, et le dividende étant négatif, le quotient doit avoir un signe contraire à celui du diviseur.

§ 3. Des fractions.

48. La division donne lieu à une *nouvelle extension de l'idée de nombre.* Si le dividende a n'est pas un multiple du diviseur b, le quotient $a:b$ ne saurait être exprimé par un nombre naturel.

On appelle *multiples* d'un nombre les produits que l'on obtient en multipliant ce nombre par les nombres consécutifs 1, 2, 3 ... Inversement, ce nombre s'appelle *sous-multiple*, *facteur* ou *diviseur* de ses multiples.

Par exemple, 41 n'étant pas un multiple de 5, le quotient de 41 par 5 n'est exprimé par aucun des nombres que nous connaissons jusqu'ici; tout ce qu'on peut dire de ce quotient, c'est qu'il est compris entre les nombres 8 et 9.

Or pour rendre possibles de pareilles divisions, on est obligé d'introduire une nouvelle espèce de nombres, les fractions ou les nombres fractionnaires.

Définitions. On appelle *fraction* un nombre qui indique une ou plusieurs parties de l'unité partagée en un certain nombre de parties égales.

Ainsi la fraction $\frac{3}{5}$ exprime que l'unité est divisée en 5 parties égales et qu'on doit en prendre 3. Donc

$$\tfrac{3}{5} = \tfrac{1}{5} + \tfrac{1}{5} + \tfrac{1}{5} = 3 \text{ fois } \tfrac{1}{5}.$$

De même,

$$\frac{a}{b} = \frac{1}{b} + \frac{1}{b} + \cdots = a \textit{ fois } \frac{1}{b}.$$

a est le *numérateur*, b le *dénominateur* de la fraction $\frac{a}{b}$ (a $b^{\text{ièmes}}$), l'un et l'autre en sont les *termes*. Les nombres de la suite 1, 2, 3 ... prennent le nom de *nombres entiers*. Ceux-ci sont des multiples de l'unité même, tandis que les fractions sont des multiples d'une partie aliquote de l'unité.

49. Corollaire I. Une fraction est inférieure, égale ou supérieure à 1, suivant que le numérateur est inférieur, égal ou supérieur au dénominateur.

L'unité fractionnaire $\frac{1}{5}$, par exemple, répétée 5 fois, reproduira *l'unité principale* 1. La *fraction proprement dite* $\frac{3}{5}$ est plus petite que 1, et la fraction $\frac{41}{5}$ est plus grande que 1. Cette dernière peut être convertie en un *nombre fractionnaire*, c'est-à-dire en un entier augmenté d'une fraction proprement dite.

Corollaire II. Pour représenter les fractions $\frac{1}{5}$, $\frac{2}{5}$ ... par les points d'une ligne droite (n° 9), il suffit de partager la distance des points 0 et 1 en 5 parties égales et de porter sur la droite une de ces parties un nombre indéfini de fois. Il est évident que les points ainsi fixés représentent la suite

$$\frac{1}{5},\ \frac{2}{5},\ \ldots\ \frac{5}{5},\ \frac{6}{5}\ \ldots\ \frac{10}{5},\ \frac{11}{5}\ \ldots,$$

laquelle comprend non seulement les fractions et les nombres fractionnaires, mais encore les nombres entiers.

Corollaire III. Les opérations sur les fractions se définissent comme celles sur les nombres entiers, excepté le cas où le multiplicateur d'un produit est fractionnaire. V. n° 53. De plus, comme les propositions fondamentales de l'addition (n°s 12 et 13) s'étendent facilement au calcul des fractions,

$$\frac{a}{n}+\frac{b}{n}=\frac{b}{n}+\frac{a}{n} \quad (\text{n}^\circ\ 12)$$

$$m+\left(\frac{a}{n}+\frac{b}{n}\right)=m+\frac{a}{n}+\frac{b}{n} \quad (\text{n}^\circ\ 13),$$

on peut conclure que *les autres théorèmes qui en sont des conséquences subsistent encore pour les fractions.*

Dans la démonstration de la formule $ab=ba$ (n° 33), on peut mettre l'unité fractionnaire $\frac{1}{n}$ à la place de l'unité entière, ce qui prouve que

$$\frac{1}{n}\cdot a\cdot b = \frac{1}{n}\cdot b\cdot a.$$

50. Théorème. *Le quotient de deux nombres est égal à une fraction qui a le dividende pour numérateur et le diviseur pour dénominateur.*

Démonstration. Soit le quotient de a par n. Pour faire voir qu'il est égal à la fraction a $n^{\text{ièmes}}$, il suffit de montrer que cette dernière multipliée par le diviseur n reproduit le dividende a. Or $\frac{a}{n}$ signifie $\frac{1}{n}\cdot a$ et (n° 49)

$$\frac{1}{n}\cdot a\cdot n = \frac{1}{n}\cdot n\cdot a = 1\cdot a = a.$$

Donc

$$a:n = \frac{a}{n}.$$

Ce théorème justifie l'emploi de la barre de fraction pour indiquer un quotient.

Remarque. Les propositions relatives aux quotients s'appliquent désormais aux fractions, et vice versa.

51. Théorèmes. 1. *On multiplie une fraction par un nombre entier en multipliant le numérateur de la fraction par ce nombre.*

$$\frac{a}{b}\cdot c = \frac{ac}{b}.$$

2. *On divise une fraction par un nombre entier en multipliant le dénominateur par ce nombre.*

$$\frac{a}{b}:c = \frac{a}{bc}.$$

Ces théorèmes reposent sur les nos 45 et 46.

52. Théorème. *Une fraction ne change pas de valeur lorsqu'on multiplie ou qu'on divise ses deux termes par un même nombre.*

$$\frac{a}{b} = \frac{ac}{bc}.$$

Démonstration. En multipliant la fraction $\frac{a}{b}$ par c, on obtient $\frac{ac}{b}$; et en divisant le résultat par c, on a $\frac{ac}{bc}$. Or, ces deux opérations se détruisent (no 43), donc la valeur de la fraction n'a pas changé.

La même formule, lue de droite à gauche, montre qu'on peut diviser les termes par c.

Corollaire I. On peut transformer une fraction en une autre ayant pour dénominateur un multiple du dénominateur primitif. De même, on peut *réduire* plusieurs fractions *au même dénominateur.*

Par exemple:

$$\tfrac{1}{6} = \tfrac{4}{24}, \quad \tfrac{5}{8} = \tfrac{15}{24}.$$

Corollaire II. On peut *supprimer* un facteur commun aux deux termes d'une fraction, ce qui permet de la *simplifier.*

Par exemple:

$$\frac{15abc}{10bb} = \frac{3ac}{2b}.$$

53. Définition. *Multiplier* un nombre a *par une fraction* $\frac{b}{c}$, c'est prendre b fois la $c^{ième}$ partie de a, ou en d'autres termes, c'est diviser a par le dénominateur et multiplier le résultat par le numérateur.

Par exemple, multiplier 30 par $\frac{3}{5}$, c'est prendre les $\frac{3}{5}$ de 30; on obtient 3 fois 6 ou 18.

Théorème. *On multiplie un nombre par une fraction en multipliant ce nombre par le numérateur de la fraction et en divisant le produit obtenu par le dénominateur.*

$$a \cdot \frac{b}{c} = \frac{ab}{c},$$

car par définition $a \cdot \frac{b}{c} = \frac{a}{c} \cdot b = \frac{ab}{c}$ (no 51,1o).

54. Théorème. *On multiplie deux fractions l'une par l'autre en multipliant les numérateurs entre eux et les dénominateurs entre eux.*

$$\frac{a}{b} \cdot \frac{c}{d} = \frac{ac}{bd},$$

car

$$\frac{a}{b}\cdot\frac{c}{d} = \frac{a}{bd}\cdot c \quad (\text{n}^{\text{os}}\ 53 \text{ et } 51{,}2)$$

$$= \frac{ac}{bd} \quad (\text{n}^{\text{o}}\ 51{,}1^{\text{o}}).$$

Corollaire I. Ce théorème comprend tous les cas de multiplication des fractions, si l'on considère un nombre entier comme une fraction ayant pour dénominateur 1. (n° 43, Cor. II).

Corollaire II. Les propriétés d'un produit que nous avons démontrées pour des facteurs entiers, subsistent quand les facteurs sont fractionnaires.

Par exemple, $\frac{a}{b}\cdot\frac{c}{d} = \frac{c}{d}\cdot\frac{a}{b}$, puisque chaque produit $= \frac{ac}{bd}$.

55. Théorème. *On divise un nombre entier par une fraction en multipliant le nombre par la fraction renversée.*

$$a : \frac{b}{c} = a\cdot\frac{c}{b} = \frac{ac}{b}.$$

La démonstration repose sur la définition du quotient.

Définition. On appelle *nombre inverse* d'un autre le quotient de l'unité par cet autre.

Ainsi l'inverse de a est $\frac{1}{a}$, celui de $\frac{a}{b}$ est $\frac{b}{a}$. On obtient donc l'inverse d'une fraction en la renversant.

56. Théorème. *On divise deux fractions l'une par l'autre en multipliant la fraction dividende par la fraction diviseur renversée.*

$$\frac{a}{b} : \frac{c}{d} = \frac{a}{b}\cdot\frac{d}{c} = \frac{ad}{bc}.$$

Pour la démonstration on multipliera le 2e membre par $\frac{c}{d}$.

Corollaire. Le dernier théorème comprend tous les cas de division des fractions. Par exemple,

$$\frac{2}{5} : 3 = \frac{2}{5} : \frac{3}{1} = \frac{2.1}{5.3} = \frac{2}{15}.$$

Pour l'addition et la soustraction des fractions voyez les nos 80 et 81.

57. Théorèmes. 1. $\frac{0}{a} = 0$ si a est différent de 0, car le produit de 0 par a égale 0 (n° 40).

2. $\frac{0}{0}$ *a une valeur indéterminée,* car le produit de tout nombre par 0 est égal à 0.

3. *L'expression* $\frac{a}{0}$ *indique une division impossible,* car aucun nombre, positif ou négatif, multiplié par 0 ne peut donner un produit différent de 0.

Mais si l'on regarde le dénominateur x de la fraction $\frac{a}{x}$ comme une quantité *variable* à laquelle on donne des valeurs de plus en plus petites, on trouve que la fraction devient de plus en plus grande, et l'on peut assigner à x une valeur assez petite pour que la fraction dépasse tout nombre donné, quelque grand qu'on l'imagine. C'est là ce qu'on exprime en disant que $\frac{a}{0}$ est *infini.* On l'écrit souvent de la manière suivante:

$$\textit{limite } \frac{a}{x} = \infty, \quad \text{pour} \quad x = 0.$$

4. *Si l'on divise deux quantités égales par une même quantité ou par deux quantités égales, les quotients seront égaux, pourvu que les diviseurs soient différents de* 0.

La restriction énoncée est nécessaire à cause des deux théorèmes qui précèdent.

58. Division de deux polynômes. Définition. *Ordonner* un polynôme par rapport à une lettre, dite *lettre principale* ou *ordonnatrice,* c'est ranger les termes de manière que les exposants de cette lettre aillent tous en diminuant ou en augmentant. Par exemple, le polynôme $a^3 - 3a^2b + 3ab^2 - b^3$ est ordonné suivant les puissances décroissantes de a, et aussi suivant les puissances croissantes de b.

Règle. *Pour diviser un polynôme par un autre, on ordonne les deux polynômes de la même manière par rapport à une lettre, par exemple suivant ses puissances décroissantes. Puis on divise le* 1er *terme du dividende par le* 1er *terme du diviseur, ce qui donne le*

1er terme du quotient. On multiplie ensuite le diviseur par ce 1er terme du quotient et on soustrait le produit du dividende. On divise le 1er terme du reste ordonné par le 1er terme du diviseur, ce qui donne le 2e terme du quotient; on multiplie le diviseur par ce 2e terme et on retranche le produit du reste. Et ainsi de suite.

Quand on arrive à un reste nul, le quotient est complet, et la division s'est faite exactement; dans le cas contraire, il faut ajouter au quotient, pour le compléter, une fraction ayant pour numérateur le dernier reste, et pour dénominateur le diviseur.

Démonstration. Soient A le dividende, B le diviseur, Q les termes trouvés dans le quotient et R le dernier reste. Comme on a retranché de A successivement les produits de B par les divers termes de Q, on a retranché en tout $B.Q$, de sorte que

$$A - BQ = R.$$

De là suit

$$A = BQ + R$$

et

$$\frac{A}{B} = Q + \frac{R}{B}.$$

Exemple:

$$\begin{array}{l|l}
3a^3 - 7a^2b + 4ab^2 - 4b^3 & a - 2b \\
\underline{3a^3 - 6a^2b} & \overline{3a^2 - ab + 2b^2} \\
\quad - a^2b + 4ab^2 - 4b^3 & \\
\quad \underline{- a^2b + 2ab^2} & \\
\qquad + 2ab^2 - 4b^3 & \\
\qquad \underline{+ 2ab^2 - 4b^3} & \\
\qquad\qquad 0 &
\end{array}$$

Remarque. Lorsque le dividende ne renferme pas la lettre principale à tous les degrés, à partir du degré le plus élevé, il est bon de laisser des intervalles vides afin de pouvoir écrire les termes dans leur ordre naturel. Par exemple,

$$\begin{array}{l|l}
9a^4 \qquad\quad - 31a^2 \qquad + 1 & 3a^2 - 5a - 1 \\
\underline{9a^4 - 15a^3 - 3a^2} & \overline{3a^2 + 5a - 1} \\
\quad + 15a^3 - 28a^2 \qquad + 1 & \\
\quad \underline{+ 15a^3 - 25a^2 - 5a} & \\
\qquad - 3a^2 + 5a + 1 & \\
\qquad \underline{- 3a^2 + 5a + 1} & \\
\qquad\qquad 0 &
\end{array}$$

CHAPITRE IV.

DES PUISSANCES.

§ 1. EXPOSANTS POSITIFS.

59. Définition. La *n^e puissance* d'un nombre a est le produit de n facteurs égaux à a.

$$a^n = a.a.a\ldots,$$

a étant pris n fois comme facteur.

Énoncez *a exposant n*, ou *a puissance n;* mais *a cinq* pour la 5e puissance de a.

Dans l'expression a^n, a s'appelle *la base* de la puissance, n en est *l'exposant.* Ce dernier indique le nombre des facteurs égaux ou *le degré* de la puissance, et doit être, par suite, un nombre entier positif. L'analogie conduit à appeler *première puissance* d'un nombre ce nombre lui-même; ainsi

$$a^1 = a.$$

Quand un nombre est écrit sans exposant, il est censé avoir l'exposant 1.

Il résulte des règles données au n° 5 que, pour calculer la valeur numérique d'une expression telle que $a-b^2$ ou cd^3, il faut commencer par effectuer l'élévation aux puissances, et que l'exposant se rapporte seulement à la lettre écrite à sa gauche. Quand on veut indiquer la puissance d'une expression, on mettra cette expression dans une parenthèse; par exemple $(a-b)^2$. Mais on ne place jamais dans une parenthèse la puissance elle-même, à moins qu'elle ne doive être élevée à une autre puissance. Ainsi le triple de a^2 s'écrit $3a^2$, mais le cube de a^2 s'écrit $(a^2)^3$.

Corollaire. *On peut élever les deux membres d'une égalité à une même puissance.* Voyez n° 42.

Si l'on a

$$a = b,$$

on aura

$$a^n = b^n.$$

60. Théorème. *Toutes les puissances d'un nombre positif sont positives. Les puissances paires d'un nombre négatif sont positives, ses puissances impaires sont négatives.* Quant à la valeur absolue d'une puissance, on la détermine sans tenir compte du signe de la base.

$$(+1)^n = +1.$$
$$(-10)^1 = -10.$$
$$(-10)^2 = (-10).(-10) = +100.$$
$$(-10)^3 = (-10).(-10).(-10) = -1000.$$

Généralement,

$$(+a)^n = +(a^n),$$
$$(-a)^{2n} = +(a^{2n}),$$
$$(-a)^{2n+1} = -(a^{2n+1}).$$

Démonstration Si n désigne un nombre entier quelconque, $2n$ sera un nombre pair; les nombres impairs qui le comprennent seront $2n-1$ et $2n+1$.

La première formule à démontrer est évidente. Quant à la deuxième, il est à remarquer qu'on peut partager un produit de $2n$ facteurs en n groupes de 2 facteurs; chacun de ces groupes ayant une valeur positive, le produit des n groupes sera positif. Enfin pour avoir la puissance suivante, qui a un exposant impair, il suffit de multiplier la $2n^{ième}$ puissance par $(-a)$, ce qui donne un résultat négatif.

Corollaire. Comme on a

$$a-b = -(b-a),$$

on aura

$$(a-b)^2 = +(b-a)^2,$$
$$(a-b)^3 = -(b-a)^3, \text{ etc.}$$

Remarque. Un produit de plusieurs facteurs dont quelques-uns sont négatifs, a une valeur positive ou négative, selon que les facteurs négatifs sont en nombre pair ou impair.

61. Théorème. *Le produit de deux ou de plusieurs puissances d'un même nombre est égal à une puissance de ce nombre qui a pour exposant la somme des exposants des facteurs.*

On dit souvent d'une façon abrégée:

On multiplie des puissances de même base en ajoutant leurs exposants.

Démonstration. Soit à multiplier a^7 par a^3. On peut remplacer a^7 par 7 facteurs égaux à a, et a^3 par 3 facteurs égaux à a. Le produit renfermera donc 10 facteurs égaux et sera a^{10} ou a^{7+3}.

Généralement,

$$a^n . a^p = a^{n+p}.$$

Réciproquement, *une puissance ayant pour exposant une somme est égale au produit des puissances ayant pour exposants les termes de la somme.*

$$a^{n+p} = a^n . a^p.$$

Corollaire. *Le produit de plusieurs monômes entiers est égal à un monôme qui a pour coefficient le produit des coefficients, et dans lequel chaque lettre entre avec un exposant égal à la somme des exposants qu'elle a dans les monômes donnés.*

Une expression est dite *entière* lorsqu'elle ne contient l'indication d'aucune division.

$$5a^4b^3 . 20a^7c . bc^2 = 100a^{11}b^4c^3.$$

62. Théorème. *Le quotient de deux puissances d'un même nombre est égal à une puissance de ce nombre dont l'exposant est égal à l'exposant du dividende diminué de celui du diviseur.* Plus brièvement: *On divise deux puissances de même base l'une par l'autre en soustrayant l'exposant du diviseur de celui du dividende.*

Démonstration. Soit à diviser a^7 par a^3. On peut, dans le quotient $\frac{a^7}{a^3}$, supprimer 3 facteurs qui sont communs aux deux termes (n° 52, Cor. II). On obtient donc a^4 ou a^{7-3}.

Généralement,

si $n > p$, on a $\frac{a^n}{a^p} = a^{n-p}$.

Toutefois, si $n = p$, on a $\frac{a^n}{a^n} = 1$,

et si $n < p$, on a $\frac{a^n}{a^p} = \frac{1}{a^{p-n}}$,

car on peut diviser haut et bas par la plus faible des deux puissances, ce qui donne

$$\frac{a^n : a^n}{a^p : a^n} = \frac{1}{a^{p-n}}.$$

Réciproquement, *une puissance ayant pour exposant une différence est égale au quotient des puissances ayant pour eiposants les termes de la différence.*

$$a^{n-p} = \frac{a^n}{a^p}.$$

Corollaire. *Pour diviser deux monômes entiers l'un par l'autre, on forme une fraction ayant pour numérateur le dividende, et pour dénominateur le diviseur. On simplifie cette fraction autant que possible par la suppression des facteurs communs aux deux termes.*

$$36a^7b^{n-1} : 12a^2b^n = \frac{36a^7b^{n-1}}{12a^2b^n} = \frac{3a^5}{b}.$$

63. Théorème. *On élève un produit à une puissance en élevant séparément chaque facteur à cette puissance et en multipliant les puissances obtenues.*

$$(ab)^n = a^n.b^n.$$

Démonstration pour $n = 4$.

$$\begin{aligned} (ab)^4 &= ab.ab.ab.ab && \text{par définition,} \\ &= aaaa.bbbb && (\text{n}^\circ\ 39, \text{Cor.}) \\ &= a^4.b^4. \end{aligned}$$

Réciproquement, *on multiplie des puissances de même degré en multipliant leurs bases et en élevant le produit à la même puissance.*

$$a^n.b^n = (ab)^n.$$

64. Théorème. *On élève un quotient à une puissance en élevant chacun de ses termes à cette puissance.*

$$\left(\frac{a}{b}\right)^n = \frac{a^n}{b^n}.$$

Démonstration pour $n = 4$.

$$\begin{aligned} \left(\frac{a}{b}\right)^4 &= \frac{a}{b}\cdot\frac{a}{b}\cdot\frac{a}{b}\cdot\frac{a}{b} && \text{par définition,} \\ &= \frac{aaaa}{bbbb} && (\text{n}^\circ\ 54) \\ &= \frac{a^4}{b^4}. \end{aligned}$$

Réciproquement, *on divise deux puissances de même degré l'une par l'autre en divisant la base de la 1ère par celle de la 2e et en élevant le quotient à la même puissance.*

$$\frac{a^n}{b^n} = \left(\frac{a}{b}\right)^n.$$

65. Théorème. *On élève une puissance à une autre en multipliant les exposants.*

$$(a^n)^p = a^{np}.$$

Démonstration. La p^e puissance de a^n est le produit de p facteurs égaux à a^n. Ce produit s'obtient en ajoutant les exposants (n° 61). Or, la somme $n+n+n+\cdots$ revient à $n.p$, donc la puissance proposée est égale à a^{np}.

Corollaire. L'ordre dans lequel on forme deux puissances successives est indifférent.

$$(a^3)^4 = (a^4)^3,$$

car chaque membre est égal à a^{12}.

Réciproquement, *pour former une puissance ayant pour exposant un produit de 2 facteurs, on élève la base à la puissance marquée par l'un des facteurs, et puis le résultat à la puissance marquée par l'autre facteur.*

$$a^{np} = (a^n)^p \quad \text{ou} \quad (a^p)^n.$$

§ 2. EXPOSANTS NÉGATIFS.

66. Nous avons vu (n° 62) que la formule

$$a^n : a^p = a^{n-p}$$

suppose $n > p$. Si on l'appliquait au cas où l'exposant du dividende est égal ou inférieur à celui du diviseur, on serait conduit à un exposant nul ou négatif. On aurait par exemple

$$\frac{a^3}{a^3} = a^0 \quad \text{et} \quad \frac{a^3}{a^7} = a^{-4}.$$

Les expressions a^0 et a^{-4} ne signifient rien par elles-mêmes, mais pour conserver à la règle de division (n° 62) toute sa généralité, on est convenu de représenter par ces expressions les quotients d'où elles proviennent. On leur donne le nom de puissances d'abord à cause de leur forme, et puis parce qu'elles sont soumises aux mêmes règles de calcul que les puissances à exposants positifs.

Définitions. 1. *La puissance a^0 représente l'unité, quelle que soit la valeur de a.*

Fait exception 0^0, qui a une valeur indéterminée, ainsi que le quotient $\frac{0}{0}$ (n° 57).

2. *Une puissance à exposant négatif exprime l'inverse de la puissance correspondante à exposant positif.*

$$a^{-n} = \frac{1}{a^n}.$$

Corollaire. Puisque $1 = 1^n$, on peut remplacer la fraction $\frac{1}{a^n}$ par la n^e puissance de $\frac{1}{a}$. On a donc aussi

$$a^{-n} = \left(\frac{1}{a}\right)^n,$$

c'est-à-dire qu'*une puissance à exposant négatif exprime la puissance correspondante à exposant positif de l'inverse de la base.*

Par exemple, $(\frac{2}{3})^{-2} = (\frac{3}{2})^2 = \frac{9}{4}$,

$$(-0{,}5)^{-4} = (-2)^4 = 16.$$

67. Théorème. *Toutes les règles de calcul établies pour les exposants positifs sont encore vraies pour les exposants négatifs.*

Pour démontrer les différentes formules, on substitue aux puissances à exposants négatifs ce qu'elles signifient par la définition.

Par exemple,

$$a^n . a^{-p} = a^n \cdot \frac{1}{a^p} = \frac{a^n}{a^p} = a^{n-p},$$

résultat qu'on aurait trouvé en ajoutant les exposants n et $-p$.

Corollaire. *Dans un monôme fractionnaire on peut faire passer un facteur du numérateur au dénominateur, et inversement, pourvu qu'on change le signe de son exposant.*

$$\frac{ab^{-3}}{c} = \frac{a}{b^3c},$$

car si on multiplie les deux termes de la fraction par b^3, la puissance négative disparaît du terme où elle se trouve, et elle apparaît dans l'autre avec un signe contraire.

CHAPITRE V.

APPLICATIONS. — DÉCOMPOSITION EN FACTEURS. — RÉDUCTION DES FRACTIONS.

§ 1. FORMULES.

68. 1. *Le carré de la somme de deux quantités égale la somme des carrés des deux quantités, plus leur double produit.*

$$(a+b)^2 = a^2+2ab+b^2.$$

Pour démontrer la formule, on multiplie la somme $(a+b)$ par elle-même.

2. *Le carré de la différence de deux quantités égale la somme des carrés des deux quantités, moins leur double produit.*

$$(a-b)^2 = a^2-2ab+b^2.$$

3. *Le produit de la somme de deux quantités par leur différence est égale à la différence des carrés de ces deux quantités.*

$$(a+b)(a-b) = a^2-b^2.$$

4. $$(a+b)^3 = a^3+3a^2b+3ab^2+b^3.$$

5. $$(a-b)^3 = a^3-3a^2b+3ab^2-b^3.$$

6. *Le carré d'un polynôme est égal à la somme des carrés de ses termes, plus la somme des doubles produits des termes, pris deux à deux. Par suite, ces doubles produits ont le signe + quand ils proviennent de deux termes de même signe, et le signe — quand ils proviennent de deux termes de signes contraires.*

$$(a+b+c)^2 = a^2+2ab+b^2+2ac+2bc+c^2.$$
$$(a-b-c)^2 = a^2-2ab+b^2-2ac+2bc+c^2.$$

§ 2. DU PLUS GRAND COMMUN DIVISEUR.

69. Définition. Un nombre *premier* est un nombre qui n'est divisible que par lui-même et par l'unité.

Tout nombre *non premier* peut être décomposé en facteurs premiers. Pour opérer cette décomposition, on fera une suite de divisions exactes en prenant successivement pour diviseurs les nombres premiers 2, 3, 5, 7, 11, etc., chacun autant de fois qu'il sera possible, et pour dividendes les quotients obtenus.

Voici la disposition habituelle de l'opération:

3798	2
1899	3
633	3
211	211
1	

Donc $3798 = 2.3^2.211$.

Pour s'assurer que 211 est un nombre premier, il suffit d'essayer les divisions par les nombres premiers dont les carrés lui sont inférieurs.

On peut simplifier le calcul en décomposant d'abord le nombre proposé en deux facteurs quelconques et puis chacun d'eux en ses facteurs premiers.

70. Définitions. *Le plus grand commun diviseur* de plusieurs nombres est le plus grand nombre qui les divise tous exactement.

On dit que deux nombres sont *premiers entre eux*, ou qu'un nombre est *premier avec un autre*, lorsqu'ils n'ont d'autre diviseur commun que l'unité.

Règle. *Pour trouver le plus grand commun diviseur de plusieurs nombres donnés, on décompose ces nombres en leurs facteurs premiers et on fait le produit des facteurs premiers communs à tous les nombres, chacun étant pris avec son plus petit exposant.*

Exemple:

$$756 = 2^2.3^3.7,$$
$$630 = 2\ .3^2.5\ .7,$$
$$1800 = 2^3.3^2.5^2.$$

Donc le plus grand commun diviseur est $2\ .3^2$ ou 18.

Démonstration. Pour que deux nombres soient divisibles l'un par l'autre, il faut et il suffit que le dividende contienne chacun des facteurs premiers du diviseur avec un exposant au moins égal. Cette condition étant remplie pour chacun des nombres proposés, ils ont 18 pour diviseur commun; et c'est le plus grand diviseur possible, car si l'on introduisait dans le produit 2.3^2 encore un autre facteur premier, l'un au moins des nombres proposés ne serait plus divisible.

Remarque. Les quotients des nombres donnés par leur plus grand commun diviseur doivent être premiers entre eux. On les obtient facilement sous la forme de produits, à l'aide du corollaire au n° 62. Par exemple,

$$\frac{2^2.3^3.7}{2.3^2} = 2.3.7 = 42, \quad \text{etc.}$$

71. Corollaire. Dans la recherche du plus grand commun diviseur de deux nombres, on peut multiplier ou diviser l'un d'eux par tel nombre qu'on voudra, pourvu qu'il n'ait aucun facteur commun avec l'autre.

Car les facteurs premiers communs aux deux nombres restent toujours les mêmes, et c'est le produit de ces facteurs qui est le plus grand commun diviseur cherché. Les nombres 1400 et 63, par exemple, ont le même plus grand commun diviseur 7 que les nombres 14 et 63.

72. Définition. On dit qu'un monôme entier est *divisible* par un autre, lorsque le quotient est aussi un monôme entier.

La même définition s'applique à deux polynômes.

Par exemple, le monôme $3ab^2$ est divisible par les monômes a, b, $3a$, $3ab$, ab^2, etc.

Pour qu'un monôme entier soit divisible par un autre, il faut et il suffit que le coefficient du dividende soit divisible par celui du diviseur et qu'en outre chaque lettre du diviseur entre dans le dividende avec un exposant au moins égal.

Règle. *Pour trouver le plus grand commun diviseur de plusieurs monômes entiers, on fait le produit des lettres communes à tous les monômes, chacune étant prise avec son plus petit exposant. Le coefficient du produit sera le plus grand commun diviseur des coefficients donnés.*

Ainsi le plus grand diviseur des monômes

$$30a^4bc, \quad 24a^3b^2, \quad 18a^2b^3cd \quad \text{est} \quad 6a^2b.$$

73. En arithmétique, on détermine souvent le plus grand commun diviseur de deux nombres par une méthode qui consiste à *diviser le plus grand des nombres par le plus petit, puis ce dernier par le reste de la division, ensuite le 1er reste par le 2e, et ainsi de suite jusqu'à ce qu'on arrive à un reste nul: alors le dernier diviseur est le plus grand commun diviseur cherché.*

On dispose le calcul de la manière suivante:

$$\begin{array}{ccccccccc} & & 3 & & 1 & & 2 & & 7 \\ 972 & : & 264 & : & 180 & : & 84 & : & 12. \\ \hline 180 & & 84 & & 12 & & 0 & & \end{array}$$

La justesse de ce procédé repose sur le principe: *Tout commun diviseur de deux nombres a et b est aussi commun diviseur du plus petit b et du reste de leur division, et inversement.* Pour établir ce principe, posons $a = a'c$, $b = b'c$, c désignant un diviseur commun de a et b. Si q est le quotient de la division, le reste sera

$$\begin{aligned} a - bq &= a'c - b'cq \\ &= c(a' - b'q), \end{aligned}$$

expression qui prouve que le reste est divisible par c.

Cette méthode est applicable à deux polynômes entiers. Après les avoir ordonnés suivant les puissances décroissantes d'une lettre, on divise celui qui est du degré le plus élevé par l'autre, puis ce dernier par le reste, et ainsi de suite, comme il a été indiqué plus haut. Afin d'éviter les coefficients fractionnaires, on prendra soin de multiplier ou de diviser l'un des polynômes par un nombre capable de rendre la division possible (n° 71).

Proposons-nous de chercher le plus grand commun diviseur algébrique des polynômes

$$\begin{aligned} A &= x^4 - 6x^2 + 1, \\ B &= 2x^3 - 5x^2 + 1. \end{aligned}$$

On multipliera A par 2, de même que le reste de la première soustraction.

$$\begin{array}{r|l} 2x^4 \qquad - 12x^2 \qquad + 2 & 2x^3 - 5x^2 + 1 \\ 2x^4 - 5x^3 \qquad\quad + x \qquad & \hline x + 5 \\ \hline + 5x^3 - 12x^2 - x + 2 & \\ + 10x^3 - 24x^2 - 2x + 4 & \\ + 10x^3 - 25x^2 \qquad + 5 & \\ \hline + x^2 - 2x - 1 & \end{array}$$

$$\begin{array}{r|l} 2x^3-5x^2 \qquad -1 & x^2-2x-1 \\ 2x^3-4x^2-2x \quad & 2x-1 \\ \hline -x^2+2x+1 & \\ -x^2+2x+1 & \\ \hline 0 & \end{array}$$

Donc x^2-2x-1 est le plus grand commun diviseur de A et de B. On trouve en outre que

$$A = x^4-6x^2+1 = (x^2-2x-1)(x^2+2x-1),$$
$$B = 2x^3-5x^2+1 = (x^2-2x-1)(2x-1).$$

§ 3. Décomposition d'un polynôme en facteurs.

74. La *décomposition d'un polynôme proposé en un produit de plusieurs facteurs* est d'une grande utilité en algèbre, surtout pour la réduction des expressions à leur plus simple forme. Cependant cette opération ne saurait être effectuée, pour le moment, que dans les cas suivants:

1. *Lorsque tous les termes d'un polynôme contiennent un facteur commun, on le supprime dans chaque terme, ce qui revient à diviser le polynôme par le facteur, puis on met le quotient dans une parenthèse précédée ou suivie du facteur. On prend pour facteur commun le plus grand commun diviseur des termes du polynôme.* Voyez n° 36.

$$am+bm-cm = m(a+b-c).$$
$$6a^2x-4abx+2ax = 2ax(3a-2b+1).$$

C'est ce qu'on appelle *mettre le monôme $2ax$ en facteur commun.* On peut donner à volonté le signe $+$ ou $-$ au facteur qu'on met en évidence; dans le dernier cas tous les termes du polynôme changent de signe. Ainsi on a

$$3b-3a = 3(b-a)$$
$$\text{ou } -3(a-b).$$

2. *Lorsqu'il se trouve dans un polynôme des groupes de termes qui renferment un facteur commun, on opère séparément sur chaque groupe d'après le cas précédent. Alors le polynôme proposé se transformera en un produit de deux polynômes, pourvu qu'il y ait la même parenthèse dans chaque groupe.*

$$\begin{aligned} ac-bc+ad-bd &= (ac-bc)+(ad-bd) \\ &= c(a-b)+d(a-b) \\ &= (a-b)(c+d) \end{aligned}$$

ou, en groupant d'une autre manière,

$$\begin{aligned} ac-bc+ad-bd &= (ac+ad)-(bc+bd) \\ &= a(c+d)-b(c+d) \\ &= (c+d)(a-b). \end{aligned}$$

3. *La différence des carrés de deux quantités est égale au produit de la somme de ces quantités par leur différence.* (n° 68.)

$$a^2-b^2 = (a+b)(a-b).$$

Exemples:

$$36x^2-25y^2 = (6x+5y)(6x-5y).$$

$$a^4-b^4 = (a^2+b^2)(a^2-b^2) = (a^2+b^2)(a+b)(a-b).$$

4. *La somme et la différence de deux cubes se décomposent en facteurs d'après les formules suivantes:*

$$\begin{aligned} a^3+b^3 &= (a+b)(a^2-ab+b^2), \\ a^3-b^3 &= (a-b)(a^2+ab+b^2). \end{aligned}$$

Exemple:

$$x^3-1 = (x-1)(x^2+x+1).$$

En général, la différence des puissances semblables de deux quantités est divisible par la différence de ces quantités, proposition qu'on vérifie aisément à l'aide d'une multiplication.

$$(a^n-b^n) = (a-b)(a^{n-1}+a^{n-2}b+a^{n-3}b^2+\cdots+ab^{n-2}+b^{n-1}).$$

5. *Un trinôme est égal au carré d'un binôme, s'il est de la forme $a^2\pm2ab+b^2$, c'est-à-dire s'il contient les carrés positifs de deux quantités et le double produit de ces quantités.* (n° 68.)

$$a^2\pm2ab+b^2 = (a\pm b)^2.$$

Exemple:

$$x^4-6x^2y+9y^2 = (x^2-3y)^2.$$

6. *Pour décomposer en facteurs un trinôme de la forme x^2+px+q, il faut décomposer q en deux facteurs dont la somme soit égale à p.* Si a et b représentent ces facteurs, on a

$$x^2+px+q = (x+a)(x+b).$$

Exemples:

$$x^2+11x+24 = (x+3)(x+8).$$
$$x^2-11x+24 = (x-3)(x-8),$$

car -3 et -8 sont les facteurs de 24 qui ont -11 pour somme.

§ 4. Du plus petit commun multiple.

75. Définition. *Le plus petit commun multiple* de plusieurs nombres est le plus petit nombre divisible à la fois par chacun d'eux.

Règle. *Pour trouver le plus petit commun multiple de plusieurs nombres donnés, on décompose ces nombres en facteurs premiers, à l'exception de ceux qui en divisent exactement un autre, et on fait le produit de tous les facteurs premiers (communs ou non communs), chacun étant pris avec son plus grand exposant.*

Exemple:

$$\begin{aligned} 12 &= 2^2.3 \\ 40 &= 2^3.5 \\ 150 &= 2\,.3.5^2 \end{aligned}$$

Le plus petit commun multiple $= 2^3.3.5^2 = 600.$

Démonstration. Comme chacun des nombres donnés divise évidemment le produit trouvé, celui-ci est un multiple commun des nombres; et c'est le plus petit possible, car si l'on supprimait un de ses facteurs, l'un au moins des nombres proposés ne serait plus diviseur du produit modifié.

Remarque. Quand l'un des nombres donnés est divisible par tous les autres, leur plus petit commun multiple est égal à ce nombre; et quand les nombres donnés sont premiers entre eux deux à deux, le plus petit multiple est égal à leur produit.

Si l'on a, par exemple, les nombres 3, $25 = 5^2$, $28 = 2^2.7$, leur plus petit commun multiple est $2^2.3.5^2.7 = 3.25.28 = 2100$.

76. Règle. *Pour trouver le plus petit commun multiple de plusieurs monômes entiers, on fait le produit de toutes les lettres qui entrent dans les monômes, chacune étant prise avec son plus grand exposant. Le coefficient du produit sera le plus petit commun multiple des coefficients.*

Ainsi les monômes $30a^4bc$, $24a^3b^2$, $18a^2b^3cd$ ont $720a^4b^3cd$ pour plus petit multiple.

77. Règle. *Pour trouver le plus petit commun multiple de plusieurs polynômes entiers, il suffit de les décomposer en facteurs; en regardant alors chaque facteur polynôme comme ne représentant qu'une seule lettre, on est ramené au cas précédent.*

Par exemple, les 3 polynômes

$$\begin{aligned} 12a+6b &= 6(2a+b), \\ 4a^2-b^2 &= (2a+b)(2a-b), \\ 4a^2-4ab+b^2 &= (2a-b)^2, \end{aligned}$$

ont $6(2a+b)(2a-b)^2$ pour plus petit commun multiple.

Corollaire. Si l'on connaît le plus grand commun diviseur de *deux* polynômes (par la méthode des divisions successives, n° 73), on trouve sur-le-champ le plus petit commun multiple des polynômes en divisant leur produit par leur plus grand commun diviseur.

§ 5. Réduction des fractions.

78. Règle. *Pour simplifier une fraction, on décompose ses deux termes en facteurs s'il y a lieu, et on supprime tous ceux qui leur sont communs, tant algébriques que numériques.*

La fraction sera *réduite à sa plus simple expression*, si les facteurs communs qu'on supprime dans les deux termes représentent leur plus grand commun diviseur.

$$\begin{aligned} \frac{2ax+6x^2}{2a^2-18x^2} &= \frac{2x(a+3x)}{2(a^2-9x^2)} \\ &= \frac{2x(a+3x)}{2(a+3x)(a-3x)} \\ &= \frac{x}{a-3x}. \end{aligned}$$

Remarque I. Une fraction est dite *irréductible* lorsqu'on ne peut pas l'exprimer en termes plus simples.

Remarque II. On n'altère pas la valeur d'une fraction en changeant les signes de ses deux termes, car cela revient à les multiplier par -1.

De même, on peut changer le signe de l'un des termes et celui de la fraction même. Par exemple,

$$\frac{a-b}{-c}=\frac{-(a-b)}{c}=\frac{b-a}{c}$$

$$\text{ou} \quad = -\frac{a-b}{c}.$$

$$\frac{1-x}{2x^2-2}=\frac{1-x}{2(x+1)(x-1)}=-\frac{x-1}{2(x+1)(x-1)}=-\frac{1}{2(x+1)}.$$

79. Règle. *Pour réduire plusieurs fractions au même dénominateur, on cherche le plus petit commun multiple des dénominateurs* (n°s 75—77), *on divise ce multiple par chaque dénominateur et on multiplie le numérateur correspondant par le quotient obtenu.*

Ainsi les fractions

$$\frac{x}{3a^2b}, \quad \frac{y}{4ab^3}$$

se réduisent à

$$\frac{4b^2x}{12a^2b^3}, \quad \frac{3ay}{12a^2b^3}.$$

Corollaire. Si le plus petit dénominateur commun est le produit des dénominateurs, il suffit de multiplier les deux termes de chaque fraction par le produit des dénominateurs de toutes les autres.

Par exemple, les fractions $\frac{a}{b}, \frac{c}{d}, \frac{e}{f}$ ont bdf pour dénominateur commun; les nouveaux numérateurs sont adf, cbf, ebd.

80. Règle. *Pour ajouter plusieurs fractions de même dénominateur, on ajoute leurs numérateurs et on divise la somme trouvée par le dénominateur commun.* (n° 44.)

Si les fractions ont des dénominateurs différents, il faut les réduire d'abord au même dénominateur.

$$\frac{a}{n}+\frac{b}{n}+\frac{c}{n}=\frac{a+b+c}{n}.$$

Exemple:

$$\frac{a}{4}+\frac{5a}{6}+\frac{3a}{8}=\frac{6a}{24}+\frac{20a}{24}+\frac{9a}{24}=\frac{35a}{24}.$$

81. Règle. *Pour soustraire une fraction d'une autre ayant même dénominateur, on soustrait le numérateur de la 2e de celui de la 1re et l'on divise la différence trouvée par le dénominateur commun.*

Si les fractions ont des dénominateurs différents, il faut les réduire d'abord au même dénominateur.

$$\frac{a}{n}-\frac{b}{n}=\frac{a-b}{n}.$$

$$\frac{1}{x}-\frac{1}{x+1}=\frac{x+1}{x(x+1)}-\frac{x}{x(x+1)}=\frac{1}{x(x+1)}.$$

82. Corollaire I. On voit, par ce qui vient d'être dit sur l'addition et la soustraction des fractions, que le signe qui précède une fraction devient le signe de son numérateur. Par conséquent, si le numérateur d'une fraction qui doit être soustraite est un polynôme, il faut le placer entre parenthèses.

Par exemple,

$$\begin{aligned}\frac{2a-1}{8a}-\frac{2a-5}{8a} &= \frac{2a-1-(2a-5)}{8a}\\ &= \frac{2a-1-2a+5}{8a}\\ &= \frac{4}{8a}=\frac{1}{2a}.\end{aligned}$$

Corollaire II. Pour amener une expression entière à avoir un dénominateur donné, il faut la multiplier par ce dénominateur.

$$a=\frac{an}{n} \quad \text{ou} \quad \frac{a(x-y)}{x-y}.$$

Exemple:

$$\begin{aligned}\frac{a}{a-b}-1 &= \frac{a}{a-b}-\frac{a-b}{a-b}\\ &= \frac{a-(a-b)}{a-b}\\ &= \frac{b}{a-b}.\end{aligned}$$

CHAPITRE VI.

DES RAPPORTS ET DES PROPORTIONS.

---

83. Définition. On appelle *unité* une grandeur prise arbitrairement pour servir de terme de comparaison à toutes les grandeurs de même espèce. *Mesurer* une grandeur, c'est la comparer à son unité en cherchant combien de fois elle contient cette dernière.

Ainsi quand on prend le mètre pour unité de longueur, on trouvera, par exemple, qu'une certaine droite est de 3,14 *m*; 3,14 est alors le *nombre qui mesure* ou exprime la longueur de la droite.

84. Définition. Le *rapport* d'une grandeur à une autre de même espèce est le quotient de la 1re par la 2e. Les grandeurs comparées sont appelées les deux *termes* du rapport; celui qu'on énonce le premier est *l'antécédent*, l'autre est le *conséquent*.

Le rapport de deux grandeurs est essentiellement un nombre abstrait, comme exprimant combien de fois l'antécédent contient le conséquent. Voyez n° 43.

Si, par exemple, une longueur A en contient une autre B 5 fois exactement, on dira que le rapport de A à B est 5; B est alors une *partie aliquote* de A. Mais si A contient 2 fois B, plus les $\frac{3}{4}$ de B, on dira que le rapport considéré est $2\frac{3}{4}$ ou $\frac{11}{4}$; A vaudra ainsi les $\frac{11}{4}$ de B.

On voit que le rapport de deux grandeurs n'est autre chose que le nombre qui mesure la 1re grandeur lorsque la 2e est prise pour unité. De plus, le rapport de deux grandeurs mesurées avec une même unité est égal au rapport des deux nombres qui les mesurent.

85. Définitions. On appelle *commune mesure* de deux grandeurs une 3e grandeur de même espèce qui est contenue un nombre exact de fois dans chacune des deux premières.

Deux grandeurs sont dites *commensurables* ou *incommensurables* entre elles, suivant qu'elles ont une commune mesure ou qu'elles n'en ont pas.

On peut démontrer, par exemple, que la diagonale d'un carré et son côté sont incommensurables.

La recherche de la plus grande commune mesure de deux longueurs s'opère tout-à-fait comme celle du plus grand commun diviseur de deux nombres entiers (n° 73). Si l'opération ne se termine jamais, il n'y a point de longueur, si petite qu'on la suppose, qui soit contenue un nombre entier de fois dans chacune, et les deux longueurs proposées sont incommensurables.

86. Théorème. *Le rapport de deux grandeurs commensurables est égal à un nombre entier ou fractionnaire.*

Démonstration. Soit M une commune mesure des grandeurs A et B; supposons qu'elle soit contenue p fois dans A, et q fois dans B, p et q désignant des nombres entiers. On aura

$$A = pM \quad \text{et} \quad B = qM;$$

de cette dernière égalité on déduit $M = \frac{1}{q} B$. En substituant cette valeur de M dans la première égalité, on obtient

$$A = p \cdot \frac{1}{q} B \quad \text{ou} \quad \frac{p}{q} B.$$

Il suit de là que le rapport $A : B = \frac{p}{q}$. Cette fraction $\frac{p}{q}$ se réduit à un nombre entier si p est un multiple de q.

Réciproquement, *si le rapport de deux grandeurs peut être exprimé par un nombre entier ou fractionnaire, les grandeurs sont commensurables entre elles.*

En effet, si $\frac{p}{q}$ exprime le rapport de A à B, la $q^{ième}$ partie de B est contenue q fois dans B, et p fois dans A.

Corollaire. *Le rapport de deux grandeurs incommensurables ne peut être exprimé ni par un nombre entier, ni par un nombre fractionnaire. Mais on peut toujours indiquer deux fractions qui comprennent la valeur de ce rapport et dont la différence peut être rendue plus petite que toute quantité donnée.*

Pour prouver l'existence de ces fractions pour deux longueurs incommensurables A et B, divisons B en n parties égales et portons une de ces parties sur A autant de fois qu'il est possible. Puisque, par hypothèse, A et B sont incommensurables, cette partie, quelque petite qu'elle soit, ne sera pas contenue un nombre exact de fois dans A. Supposons donc que A contienne k fois la n^e partie de B, plus un reste moindre que cette partie; on aura

$$A > k \text{ fois } \cdot \frac{1}{n} B,$$

et

$$A < (k+1) \text{ fois } \frac{1}{n} B.$$

Il résulte de là que le rapport $A : B > \frac{k}{n}$, et $< \frac{k+1}{n}$. La différence de ces fractions est $\frac{1}{n}$, valeur qui devient aussi petite qu'on voudra, lorsqu'on fait croître indéfiniment le nombre n.

87. Définition. Un *nombre irrationnel* est un nombre qui n'a aucune commune mesure avec l'unité, c'est-à-dire qui ne peut être exprimé ni par un nombre entier, ni par une fraction. Par opposition, on désigne les nombres entiers et les fractions sous le nom de *nombres rationnels.*

En vertu du corollaire précédent on peut considérer un nombre irrationnel comme la *limite* d'un nombre rationnel variable. On dit qu'*une quantité fixe C est la limite d'une quantité variable X,* lorsque la valeur absolue de la différence $C - X$ peut devenir plus petite que toute quantité assignée.

Les fractions $\frac{k}{n}$ et $\frac{k+1}{n}$ qui comprennent un rapport irrationnel, sont appelées *valeurs approchées de ce rapport, à moins de $\frac{1}{n}$ près, l'une $\left(\frac{k}{n}\right)$ par défaut, l'autre $\left(\frac{k+1}{n}\right)$ par excès.*

88. Corollaires. Comme une fraction ordinaire exprime le rapport de son numérateur à son dénominateur, les propriétés fondamentales des fractions s'étendent immédiatement aux rapports.

Ainsi, *la valeur d'un rapport ne change pas quand on multiplie ou quand on divise les deux termes du rapport par un même nombre.*

C'est à l'aide de cette propriété qu'on réduit un rapport à sa plus simple expression. Par exemple,

$$4{,}05 : 2{,}7 = 405 : 270 = 3 : 2.$$

Lorsqu'on échange les deux termes d'un rapport l'un avec l'autre, on obtient *le rapport inverse.* Si la valeur du rapport $a : b$ est r, celle du rapport inverse $b : a$ est $\frac{1}{r}$.

89. Théorème. *Lorsqu'on a une suite de rapports égaux, la somme des antécédents et la somme des conséquents forment un rapport égal à chacun des rapports proposés.*

Hypothèse.

$$a : a' = b : b' = c : c'.$$

Conclusion.

$$(a+b+c) : (a'+b'+c') = a : a'.$$

Démonstration. Désignons par r la valeur commune des rapports donnés. Puisque $a : a' = r$, on a $a = a'r$. On aura pareillement $b = b'r$, $c = c'r$, et en ajoutant les 3 égalités membre à membre,

$$a+b+c = a'r+b'r+c'r = (a'+b'+c')r.$$

On en déduit

$$(a+b+c) : (a'+b'+c') = r = a : a'.$$

Corollaire. *Lorsqu'on a deux rapports égaux, la différence des antécédents et la différence des conséquents forment un rapport égal à chacun des rapports proposés.*

Si l'on a

$$\frac{a}{b} = \frac{c}{d},$$

on aura aussi

$$\frac{a-c}{b-d} = \frac{a}{b} = \frac{c}{d}.$$

Remarque. Une suite de rapports égaux, comme

$$2 : 3 = 6 : 9 = 10 : 15$$

s'écrit aussi sous la forme

$$2 : 6 : 10 = 3 : 9 : 15.$$

90. Définition. Une *proportion* est une égalité entre deux rapports.

Le rapport de 8 à 2 étant égal à celui de 12 à 3, l'égalité $8:2 = 12:3$ est une proportion.

La proportion $a:b = c:d$ ou $\frac{a}{b} = \frac{c}{d}$ se lit: a est à b comme c est à d.

On dit que 4 grandeurs sont *en proportion* ou *proportionnelles* entre elles, lorsque le rapport de la 1re à la 2e est egal au rapport de la 3e à la 4e. Par exemple,

$$20 \text{ jours} : 10 \text{ jours} = 6\ M : 3\ M.$$

Des 4 termes d'une proportion, le 1er et le 4e sont les *extrêmes,* le 2e et le 3e sont les *moyens.*

91. Définitions. Une proportion dont les deux termes moyens sont égaux est dite *continue,* et la quantité qui occupe les deux places moyennes est appelée *moyenne proportionnelle* ou *moyenne géométrique* entre les deux extrêmes.

$$2:6 = 6:18; \qquad a:b = b:c.$$

On appelle *moyenne arithmétique* de plusieurs quantités le quotient que l'on obtient en divisant la somme de ces quantités par leur nombre.

Ainsi la moyenne arithmétique des nombres a, b, c est $\frac{a+b+c}{3}$.

Remarque. La plupart des théorèmes suivants supposent que les termes de la proportion considérée soient des nombres abstraits. *(Proportion numérique.)*

Pour faire l'application de ces théorèmes à une *proportion entre des grandeurs concrètes,* il faut d'abord remplacer ces grandeurs par les nombres qui les mesurent au moyen d'une même unité.

92. Théorème. *Dans toute proportion numérique, le produit des extrêmes est égal au produit des moyens.*

Considérons la proportion

$$\frac{a}{b} = \frac{c}{d}.$$

Si l'on multiplie les deux quotients par bd, il vient

$$\frac{abd}{b} = \frac{cbd}{d},$$

et en supprimant dans chaque membre le facteur commun, on a

$$ad = bc.$$

Réciproquement, *quand on a deux produits égaux, dont chacun se compose de deux facteurs, on peut former une proportion en prenant pour extrêmes les facteurs de l'un des produits, et pour moyens ceux de l'autre.*

De l'égalité $ef = gh$, on déduit la proportion $e : g = h : f$ en divisant les deux produits par fg.

Remarque. Les deux produits égaux donnent lieu à 8 proportions.

93. Corollaires. 1. Une proportion est exacte si le produit des extrêmes est égal au produit des moyens.

2. Le carré de la moyenne proportionnelle entre deux nombres est égal à leur produit, et la moyenne elle-même est égale à la racine carrée de leur produit.

Si l'on a

$$a : x = x : b,$$

on aura

$$x^2 = ab, \quad \text{et} \quad x = \sqrt{ab}.$$

3. Quand on connaît trois termes d'une proportion $a : b = c : d$, on peut trouver le 4e terme.

Car de l'égalité $ad = bc$, on déduit

$$a = \frac{bc}{d}, \quad b = \frac{ad}{c},$$

$$c = \frac{ad}{b}, \quad d = \frac{bc}{a}.$$

Donc, *on trouve un terme extrême d'une proportion en divisant le produit des moyens par l'autre extrême; on trouve un terme moyen en divisant le produit des extrêmes par l'autre moyen.*

4. Si, dans deux proportions, trois termes homologues sont égaux chacun à chacun, les 4es termes sont aussi égaux.

Des proportions

$$a : b = c : d,$$
$$a : x = c : d,$$

on déduit

$$b = x.$$

Remarque. Si deux proportions ont un rapport commun, les deux autres rapports forment une proportion.

94. Théorème. *Dans toute proportion, on peut* 1° *échanger les moyens l'un avec l'autre,* 2° *échanger les extrêmes entre eux,* 3° *renverser chaque rapport.*

Ainsi, de la proportion

$$a : b = c : d,$$

on peut déduire

$$1^\circ \quad a : c = b : d,$$
$$2^\circ \quad d : b = c : a,$$
$$3^\circ \quad b : a = d : c.$$

En effet ces transpositions des termes n'altèrent pas l'égalité entre le produit des extrêmes et celui des moyens.

Corollaire. Une proportion peut être écrite de 8 manières différentes:

$$\begin{array}{ll} a : b = c : d & c : d = a : b \\ a : c = b : d & c : a = d : b \\ b : a = d : c & d : b = c : a \\ b : d = a : c & d : c = b : a. \end{array}$$

95. Théorème. *Dans toute proportion, on peut multiplier ou diviser par un même nombre un extrême et un moyen.*

Car les produits que donnent les extrêmes et les moyens de la proportion primitive se trouvent ainsi multipliés ou divisés par un même nombre; par suite, les nouveaux produits sont encore égaux (n° 93,1).

96. Théorème de l'addition correspondante. 1. *Dans toute proportion, la somme des deux premiers termes est au* 1er *ou au* 2e, *comme la somme des deux derniers termes est au* 3e *ou au* 4e.

Soit la proportion

$$\frac{a}{b} = \frac{c}{d};$$

on peut en déduire

$$\frac{a+b}{a} = \frac{c+d}{c},$$

$$\frac{a+b}{b} = \frac{c+d}{d}.$$

En effet, si l'on renverse chaque rapport de la proportion donnée, on a

$$\frac{b}{a} = \frac{d}{c},$$

et si on ajoute 1 à chaque membre de cette égalité, il vient

$$1+\frac{b}{a} = 1+\frac{d}{c},$$

ou

$$\frac{a+b}{a} = \frac{c+d}{c}.$$

Pour constater l'exactitude de l'autre proportion, on ajoute l'unité aux rapports de la proportion donnée.

2. *Dans toute proportion, la différence des deux premiers termes est au 1er ou au 2e, comme la différence des deux derniers termes est au 3e ou au 4e.*

$$\frac{a-b}{a} = \frac{c-d}{c},$$

$$\frac{a-b}{b} = \frac{c-d}{d}.$$

Ces proportions se vérifient au moyen d'une soustraction.

3. *Dans toute proportion, la somme des deux premiers termes est à leur différence, comme la somme des deux derniers termes est à leur différence.*

En effet, en divisant membre à membre l'égalité

$$\frac{a+b}{a} = \frac{c+d}{c}$$

par l'égalité

$$\frac{a-b}{a} = \frac{c-d}{c},$$

on trouve

$$\frac{a+b}{a-b} = \frac{c+d}{c-d}.$$

97. Théorème. *Lorsqu'on multiplie ou qu'on divise deux proportions terme à terme, les produits ou les quotients obtenus forment une nouvelle proportion.*

Hypothèse.

$$a : b = c : d.$$
$$a' : b' = c' : d'.$$

Conclusion.

$$aa' : bb' = cc' : dd',$$
$$\frac{a}{a'} : \frac{b}{b'} = \frac{c}{c'} : \frac{d}{d'}.$$

Corollaire. Si 4 nombres sont en proportion, leurs puissances ou leurs racines de même degré sont aussi en proportion.

98. Problème. *Partager un nombre en parties proportionnelles à des nombres donnés. (Règle de société.)*

Supposons qu'on demande de partager n en 3 parties proportionnelles aux nombres a, b, c. Il faut trouver 3 nombres x, y, z, dont la somme soit n, et tels qu'on ait

$$x : y : z = a : b : c,$$

ou

$$\frac{x}{a} = \frac{y}{b} = \frac{z}{c}.$$

D'après le n° 89, on en tire

$$\frac{x+y+z}{a+b+c} = \frac{x}{a}, \quad \text{ou} \quad \frac{n}{a+b+c} = \frac{x}{a}.$$

Donc

$$x = \frac{an}{a+b+c}.$$

De même,

$$y = \frac{bn}{a+b+c},$$
$$z = \frac{cn}{a+b+c}.$$

CHAPITRE VII.

DU CARRÉ ET DE LA RACINE CARRÉE.

99. Définition. On appelle *racine carrée* d'un nombre un nombre qui, élevé au carré, reproduit le nombre proposé.

On représente la racine carrée d'un nombre en plaçant ce nombre sous le signe $\sqrt{\ }$, nommé *radical.*

Ainsi

$$\sqrt{81} = 9, \quad \text{car} \quad 9^2 = 81;$$

$$\sqrt{\frac{4}{25}} = \frac{2}{5}, \quad \text{car} \quad \left(\frac{2}{5}\right)^2 = \frac{4}{25}.$$

L'opération par laquelle on détermine la racine carrée d'un nombre est appelée *extraction de la racine carrée.* Elle est l'opération inverse de la *formation du carré.*

Corollaire.

$$(\sqrt{a})^2 = a,$$

par définition;

$$\sqrt{a^2} = a,$$

car a est bien le nombre qu'il faut élever au carré, pour reproduire le nombre sous le radical.

Remarque. Les carrés des nombres entiers sont appelés *nombres carrés.*

Table des 25 premiers nombres carrés:

$1^2 = 1$	$6^2 = 36$	$11^2 = 121$	$16^2 = 256$	$21^2 = 441$
$2^2 = 4$	$7^2 = 49$	$12^2 = 144$	$17^2 = 289$	$22^2 = 484$
$3^2 = 9$	$8^2 = 64$	$13^2 = 169$	$18^2 = 324$	$23^2 = 529$
$4^2 = 16$	$9^2 = 81$	$14^2 = 196$	$19^2 = 361$	$24^2 = 576$
$5^2 = 25$	$10^2 = 100$	$15^2 = 225$	$20^2 = 400$	$25^2 = 625.$

100. Corollaire. Pour former le carré d'un nombre entier, on n'a qu'à multiplier ce nombre par lui-même. Mais tout nombre pouvant être regardé comme une somme d'unités simples, de dizaines, de centaines, etc., on peut aussi se servir des formules

$$\begin{aligned}(a+b)^2 &= a^2+2ab+b^2,\\ (a+b+c)^2 &= a^2+2ab+b^2\\ &\quad+2(a+b)c+c^2,\\ (a+b+c+d)^2 &= a^2+2ab+b^2\\ &\quad+2(a+b)c+c^2\\ &\quad+2(a+b+c)d+d^2.\end{aligned}$$

Soit à former le carré du nombre 37, qui se compose de 3 dizaines et de 7 unités. On aura

$$\begin{array}{rcr} a^2 &=& 900\\ 2ab &=& 420\\ b^2 &=& 49\\ \hline 37^2 &=& 1369.\end{array}$$

On voit par là que le carré d'un nombre de 2 chiffres contient le carré des dizaines (qui est un certain nombre de centaines), le double produit des dizaines par les unités (qui est un certain nombre de dizaines) et le carré des unités. Pour opérer avec une plus grande rapidité, on met les formules sous une autre forme en réunissant le 2e et le 3e terme, ainsi que le 4e et le 5e, etc.

On obtient ainsi

$$\begin{aligned}(a+b)^2 &= a^2+[2a+b]b,\\ (a+b+c)^2 &= a^2+[2a+b]b\\ &\quad+[2(a+b)+c]c.\end{aligned}$$

Exemple:

$$\begin{array}{ll} \multicolumn{2}{l}{734^2 = (\overset{a}{700}+\overset{b}{30}+\overset{c}{4})^2}\\ \hline & 49\\ 14_3 & \;\;429\\ 146_4 & \;\;\;\;5856\\ \hline \multicolumn{2}{l}{734^2 = 538756.}\end{array}$$

Règle. *Pour élever un nombre entier au carré, on forme le carré du* 1*er chiffre; puis on double le* 1*er chiffre, on écrit le* 2*e chiffre à la droite de ce double et on multiplie par le* 2*e chiffre le nombre ainsi formé; on double ensuite l'ensemble des* 2 *premiers chiffres, on écrit le* 3*e à droite de ce double et on multiplie par le* 3*e chiffre le nombre ainsi formé; et ainsi de suite. Il faut mettre les diffé-*

rentes parties, c'est-à-dire le carré du 1er chiffre et les produits suivants, l'une au-dessous de l'autre de manière que chacune soit avancée de 2 rangs vers la droite par rapport à la précédente.

101. Corollaires. 1. *Le carré d'un nombre plus grand que l'unité est plus grand que ce nombre. Le carré d'un nombre plus petit que l'unité est plus petit que ce nombre.*

2. *Lorsqu'un nombre augmente, son carré augmente; et lorsqu'un nombre diminue, son carré diminue. Quand un nombre augmente d'une unité, son carré augmente de 2 fois ce nombre, plus 1.*

$$(a+1)^2 = a^2+2a+1.$$

3. *Le carré d'un nombre entier contient ou 2 fois autant de chiffres que ce nombre, ou ce double moins 1.*

En effet, les nombres de 1 chiffre étant compris entre 1 et 10, leurs carrés sont compris entre 1 et 100 et doivent, par conséquent, contenir 1 ou 2 chiffres. Les nombres de 2 chiffres étant compris entre 10 et 100, leurs carrés sont compris entre 100 et 10000 et doivent, par conséquent, contenir 3 ou 4 chiffres; et ainsi de suite.

Réciproquement, *lorsqu'on partage un nombre entier donné en tranches de 2 chiffres, à partir de la droite, la racine carrée de ce nombre contiendra autant de chiffres qu'il y a de tranches.* Par exemple

$$\sqrt{1|51|29}$$

sera un nombre de 3 chiffres.

102. Problème. *Extraire la racine carrée d'un nombre carré donné.*

Solution. On partage le nombre donné en tranches de 2 chiffres, à partir de la droite, et l'on détermine le plus grand nombre carré contenu dans la 1re tranche à gauche; la racine carrée de ce carré est le 1er chiffre de la racine demandée.

On soustrait ce plus grand carré de la 1re tranche et à la droite du reste on abaisse la tranche suivante; on sépare le dernier chiffre à droite du nombre ainsi formé et on divise la partie à gauche par le double du chiffre déjà obtenu à la racine; la partie entière de ce quotient est égale ou supérieure au 2e chiffre de la racine.

Pour essayer ce chiffre, on l'écrit à droite du diviseur, on multiplie le résultat par le chiffre essayé, et l'on retranche ce produit du nombre obtenu par l'abaissement de la 2e tranche. Si la soustraction peut se faire, le chiffre essayé est exact; sinon, on essaye de la même manière le chiffre inférieur d'une unité. (Le chiffre essayé est trop faible si le reste de la soustraction est plus grand que le double de la partie trouvée de la racine.)

Le 2e chiffre de la racine étant trouvé, on abaisse la 3e tranche, on sépare le dernier chiffre à droite et l'on divise la partie à gauche par le double du nombre que forment les chiffres déjà trouvés. On a ainsi le 3e chiffre de la racine ou un chiffre trop fort. On continue de cette manière jusqu'à ce qu'on ait abaissé toutes les tranches.

$$
\begin{array}{ll}
\sqrt{13|98|76} = 374 & \\
\underline{9} & \\
49{\cdot}8 & :6_7 \\
\underline{46\,9} & \\
2\,97{\cdot}6 & :74_4 \\
\underline{2\,97\,6} & \\
\quad 0 &
\end{array}
$$

Démonstration. Soient n le nombre carré donné et $(a+b+c)$ la racine qu'on trouve par la règle précédente. On a retranché de n successivement

$$
\begin{aligned}
a^2 &= 300^2 &&= 90000,\\
[2a+b]b &= [600+70].70 &&= 46900,\\
[2(a+b)+c]c &= [740+\ 4].\ 4 &&= \ 2976,
\end{aligned}
$$

c'est-à-dire le carré du trinôme $(a+b+c)$. Or le reste est nul: donc

$$n = (a+b+c)^2$$

et

$$\sqrt{n} = a+b+c.$$

103. Corollaire. Le reste de l'opération est différent de zéro, si le nombre dont on a extrait la racine carrée n'est pas un carré parfait. Dans ce cas, le reste ne peut pas surpasser le double de la racine trouvée.

Tout nombre non carré est nécessairement compris entre deux nombres carrés consécutifs; il suit de là que la racine carrée d'un nombre non carré est comprise entre deux nombres entiers consécutifs. Par exemple, la racine carrée de 29 est > 5, et < 6; 25 est le plus grand carré contenu dans 29, et 36 est le plus petit carré qui surpasse 29.

Les deux nombres entiers consécutifs qui comprennent la racine d'un nombre sont appelés les *valeurs approchées de la racine, à moins d'une unité près, l'une par défaut, l'autre par excès.*

104. Théorèmes. 1. *Le carré d'une fraction irréductible ne peut être égal à un nombre entier.*

En effet, les deux termes de la fraction, étant supposés premiers entre eux, n'ont pas de facteur commun; donc leurs carrés, qui doivent se composer des mêmes facteurs, n'auront pas non plus de facteur commun. Il suit de là que le carré en question est aussi une fraction irréductible.

2. *La racine carrée d'un nombre non carré ne peut être représentée ni par un nombre entier, ni par un nombre fractionnaire; en d'autres termes, cette racine est irrationnelle.* (n° 87.)

En effet, si la racine était égale à un nombre entier, le carré de ce nombre entier devrait être égal à un nombre non carré, ce qui est absurde; et si la racine était égale à une fraction irréductible, le carré de cette fraction devrait être égal à un nombre entier, ce qui est contraire au théorème précédent.

Remarque. On peut déterminer une racine carrée irrationnelle avec une approximation aussi grande qu'on voudra, c'est-à-dire qu'on peut trouver deux nombres fractionnaires qui diffèrent entre eux aussi peu qu'on voudra, et dont les carrés comprennent le nombre proposé.

105. Problème. *Extraire la racine carrée d'un nombre décimal avec une approximation décimale donnée.*

Solution. On partage le nombre décimal en tranches de 2 chiffres, à partir de la virgule vers la gauche et vers la droite, en ayant soin d'ajouter à droite un tel nombre de zéros, qu'il y ait après la virgule autant de tranches qu'on veut avoir de décimales à la racine; on supprime la virgule et l'on extrait, à une unité près, la racine carrée de l'entier obtenu; enfin on sépare le nombre demandé de décimales à la droite du résultat.

Prenons pour excemple la racine de 6,1 à moins de 0,001 près.

```
√6,|1 0|0 0|0 0 = 2,469...
 4
 2 1·0        : 41
 1 7 6
   3 4 0·0       : 486
   2 9 1 6
     4 8 4 0·0      : 4929
     4 4 3 6 1
       4 0 3 9
```

Démonstration. Comme on a extrait la racine de 6 100 000 à une unité près, le résultat $2469 = k$ représente le plus grand nombre entier dont le carré soit contenu dans ce nombre. On a donc

$$k^2 < 6{,}1 . 10^6 < (k+1)^2,$$

d'où l'on déduit en divisant par 10^6

$$\left(\frac{k}{1000}\right)^2 < 6{,}1 < \left(\frac{k+1}{1000}\right)^2.$$

On voit par là que la racine demandée est comprise entre $\frac{k}{1000}$ et $\frac{k+1}{1000}$, qui diffèrent entre eux de 0,001, et que par conséquent l'erreur commise est $< 0{,}001$.

106. Remarque. Le problème précédent comprend le cas où la racine carrée d'un nombre entier quelconque est demandée avec une approximation décimale.

Dans la pratique, on se dispense d'écrire les zéros à la droite du nombre entier: il suffit de mettre la virgule à la racine après avoir employé la tranche des unités, et d'ajouter deux zéros à droite de chacun des restes successifs, jusqu'à ce qu'on ait trouvé le nombre demandé de décimales. On forme ainsi successivement les valeurs approchées de la racine à 0,1 près, à 0,01 près, etc.; l'opération ne peut jamais se terminer, et la racine ne peut être une fraction périodique, puisqu'elle ne peut s'exprimer exactement par une fraction ordinaire (n° 104).

107. Problème. *Extraire la racine carrée d'une fraction ordinaire.*

Solution. 1. Si les deux termes de la fraction donnée sont des nombres carrés, on extrait séparément la racine du numérateur et du dénominateur. Ainsi

$$\sqrt{\frac{49}{64}} = \frac{\sqrt{49}}{\sqrt{64}} = \frac{7}{8}, \quad \text{car} \quad \left(\frac{7}{8}\right)^2 = \frac{49}{64}.$$

2. Si le dénominateur seul est un nombre carré, on opère de la même manière, mais il reste encore à diviser la racine approchée du numérateur par la racine exacte du dénominateur.

Par exemple, $\sqrt{\frac{2}{9}} = \frac{1,4142\ldots}{3} = 0,4714\ldots$

3. Si le dénominateur n'est pas un nombre carré, on le rend tel en multipliant les deux termes de la fraction par le dénominateur, ou du moins par les facteurs premiers qui se trouvent à une puissance impaire dans le dénominateur. On est ramené ainsi au 2ᵉ cas. Un autre procédé consiste à réduire la fraction en décimales.

$$\sqrt{\frac{7}{12}} = \sqrt{\frac{21}{36}} = \frac{\sqrt{21}}{6} = \frac{1}{6}\cdot 4,5826 = 0,7638,$$

ou

$$\sqrt{\frac{7}{12}} = \sqrt{0,583333\ldots} = 0,7638.$$

108. Problème. *Extraire la racine carrée d'un polynôme.*

Solution. On commence par ordonner le polynôme proposé suivant les puissances croissantes ou décroissantes d'une lettre, puis on extrait la racine carrée du 1ᵉʳ terme, ce qui donne le 1ᵉʳ terme de la racine demandée. On divise le 2ᵉ terme du polynôme par le double du 1ᵉʳ terme de la racine, ce qui détermine le 2ᵉ terme de la racine. Après avoir soustrait du polynôme le carré de l'ensemble des 2 premiers termes trouvés, on divise le 1ᵉʳ terme du reste par le diviseur déjà employé et l'on obtient ainsi le 3ᵉ terme de la racine. On soustrait du reste le double produit des 2 premiers termes par le 3ᵉ et le carré de ce 3ᵉ, et ainsi de suite, jusqu'à ce qu'on ait épuisé tous les termes du polynôme.

$$\begin{array}{rl}
\sqrt{a^4-6a^3+5a^2+12a+4} & = a^2-3a-2 \\
a^4-6a^3+9a^2 \qquad\qquad & \\
\hline
-4a^2+12a+4 & :2a^2 \\
-4a^2+12a+4 & \\
\hline
0 &
\end{array}$$

CHAPITRE VIII.

DES RACINES.

§ 1. PROPRIÉTÉS GÉNÉRALES.

109. Définition. On appelle *racine* n^e d'un nombre un nombre qui, élevé à la n^e puissance, reproduit le nombre proposé.

On indique la racine n^e du nombre a en écrivant a sous le signe $\sqrt{\ }$, qu'on appelle *radical*, et en plaçant n dans l'ouverture de ce signe. Le mot *radical* désigne aussi la racine elle-même.

Le nombre n est appelé *indice du radical;* il marque le *degré* de la racine, c'est-à-dire l'exposant de la puissance à laquelle il faut élever la racine pour avoir le nombre sous le radical.

L'opération par laquelle on obtient une racine est dite *extraction de la racine.*

La racine 2ᵉ d'un nombre s'appelle aussi *racine carrée;* on est convenu de ne pas écrire l'indice 2. La racine 3ᵉ s'appelle *racine cubique.*

Exemples:

$$\sqrt[5]{32} = 2, \quad \text{car} \quad 2^5 = 32.$$

$$\sqrt{a^2 - 2ab + b^2} = a - b,$$ car le carré de $a-b$ est égal à la quantité placée sous le radical.

$$\sqrt[1]{a} = a, \quad \text{car} \quad a^1 = a.$$

La définition de la racine n^e conduit immédiatement aux formules:

$$(\sqrt[n]{a})^n = a;$$

$$\sqrt[n]{a^n} = a,$$

car a est bien le nombre qui, élevé à la n^e puissance, reproduit le nombre sous le radical.

Ces formules montrent que *l'élévation à une puissance et l'extraction de la racine de même degré se détruisent l'une l'autre.*

On voit encore que l'extraction des racines est une opération inverse de l'élévation aux puissances; car si l'on connaît la valeur d'une puissance et son exposant, on trouve la base par une extraction de racine. Les deux égalités

$$b^n = a \quad \text{et} \quad \sqrt[n]{a} = b$$

se déduisent donc l'une de l'autre. Par exemple, si l'on a

$$x^3 = 8,$$

on en déduit

$$x = \sqrt[3]{8} = 2;$$

et si l'on a

$$\sqrt[4]{x} = 10,$$

il en résulte

$$x = 10^4 = 10000.$$

Corollaire. *Lorsqu'un nombre absolu croît de zéro à l'infini, sa n^e puissance croît aussi de zéro à l'infini et ne peut prendre qu'une fois la même valeur.* De là suit que

1° *la racine n^e d'un nombre absolu n'a qu'une seule valeur arithmétique;*

2° *si deux nombres absolus sont égaux, les valeurs arithmétiques de leurs racines n^{es} sont aussi égales.*

NB. Dans les numéros suivants (110 à 124) nous supposerons que les quantités soumises aux radicaux, ainsi que les radicaux eux-mêmes, représentent des nombres absolus.

110. Théorèmes. 1. *Un nombre entier a qui n'est pas la n^e puissance d'un nombre entier, n'est pas non plus la n^e puissance d'une fraction irréductible*, car les puissances d'une telle fraction sont elles-mêmes des fractions irréductibles (n° 104). Il s'ensuit que *la racine n^e de ce nombre a est un nombre irrationnel.*

2. *Une fraction irréductible dont les deux termes ne sont pas les n^{es} puissances de deux nombres entiers, n'est pas la n^e puissance d'une autre fraction. La racine n^e est par suite un nombre irrationnel.*

Ainsi une racine d'un nombre entier peut être ou un nombre entier, ou un nombre irrationnel; et une racine d'une fraction peut être ou une fraction, on un nombre irrationnel.

Remarque. Pour effectuer des opérations sur les nombres irrationnels, on leur substitue des valeurs rationnelles suffisamment approchées. Le résultat ainsi obtenu sera lui-même un nombre approché et tendra vers une certaine limite lorsque les nombres rationnels substitués tendront vers les leurs.

On peut démontrer que *toutes les propositions et règles établies pour le calcul des nombres rationnels sont immédiatement applicables aux nombres irrationnels.* Par exemple:

$$\sqrt{5}.\sqrt{6} = \sqrt{6}.\sqrt{5},$$

$$(\sqrt{5}.\sqrt{6})^2 = (\sqrt{5})^2.(\sqrt{6})^2.$$

111. Théorème. *On extrait la racine n^e d'un produit en extrayant la racine de chaque facteur séparément.*

$$\sqrt[n]{a.b} = \sqrt[n]{a}.\sqrt[n]{b}.$$

Démonstration. $\sqrt[n]{a.b}$ représente, par définition, un nombre qui, élevé à la n^e puissance, reproduit ab. Or, si on élève le 2e membre à la n^e puissance, ce qui se fait en élevant chaque facteur à cette puissance, on obtient ab. Donc ce 2e membre est égal à la racine n^e de ab.

Réciproquement, *on multiplie plusieurs radicaux de même indice en multipliant les quantités sous les radicaux et en prenant la racine du produit.*

$$\sqrt[n]{a}.\sqrt[n]{b} = \sqrt[n]{ab}.$$

112. Théorème. *On extrait la racine n^e d'un quotient en extrayant séparément la racine de ses deux termes.*

$$\sqrt[n]{\frac{a}{b}} = \frac{\sqrt[n]{a}}{\sqrt[n]{b}},$$

$$\text{car} \quad \left(\frac{\sqrt[n]{a}}{\sqrt[n]{b}}\right)^n = \frac{(\sqrt[n]{a})^n}{(\sqrt[n]{b})^n} = \frac{a}{b}.$$

Réciproquement, *on divise deux radicaux de même indice l'un par l'autre, en divisant les quantités sous les radicaux et en extrayant la racine du quotient.*

$$\frac{\sqrt[n]{a}}{\sqrt[n]{b}} = \sqrt[n]{\frac{a}{b}}.$$

Corollaire. La racine de l'inverse d'un nombre est égale à l'inverse de la racine du nombre.

$$\sqrt[n]{\frac{1}{a}} = \frac{1}{\sqrt[n]{a}}.$$

113. Théorème. *Pour extraire la racine n^e d'une puissance dont l'exposant est un multiple de l'indice n, il suffit de diviser l'exposant par l'indice.*

$$\sqrt[n]{a^{nq}} = a^q.$$

En effet, on peut considérer a^{nq} comme la n^e puissance de a^q, et la racine n^e de la n^e puissance d'une quantité est égale à cette quantité.

114. Théorème. *On extrait la racine d'une puissance en extrayant celle de sa base.*

$$\sqrt[n]{a^p} = (\sqrt[n]{a})^p,$$

car le second membre, élevé à la n^e puissance, devient

$$(\sqrt[n]{a})^{pn} = \left[(\sqrt[n]{a})^n\right]^p = a^p.$$

Réciproquement, *on élève un radical à une puissance en élevant à cette puissance la quantité sous le radical.*

$$(\sqrt[n]{a})^p = \sqrt[n]{a^p}.$$

Corollaire. Lorsqu'on a à opérer sur un même nombre l'élévation à une puissance et l'extraction d'une racine, l'ordre de ces deux opérations est indifférent.

115. Théorème. *On extrait la racine d'un radical en multipliant les deux indices.*

$$\sqrt[n]{\sqrt[p]{a}} = \sqrt[np]{a}.$$

Démonstration. Si on élève le premier membre à la puissance np en l'élevant d'abord à la puissance n, puis le résultat $\sqrt[p]{a}$ à la puissance p, on obtient a. On en conclut que ce premier membre représente la racine np de a.

Corollaire. L'ordre dans lequel on extrait des racines successives est indifférent.

Par exemple:

$$\sqrt{\sqrt[3]{4}} = \sqrt[3]{\sqrt{4}} = \sqrt[3]{2}.$$

Réciproquement, *on extrait une racine dont l'indice est un produit, en extrayant successivement, dans un ordre quelconque, les racines qui ont pour indices les facteurs du produit.*

$$\sqrt[np]{a} = \sqrt[n]{\sqrt[p]{a}} = \sqrt[p]{\sqrt[n]{a}}.$$

116. Théorème. *La valeur d'un radical ne change pas quand on multiplie ou quand on divise par un même nombre l'indice du radical et l'exposant de la quantité soumise au radical.*

$$\sqrt[n]{a^p} = \sqrt[nx]{a^{px}}.$$

Démonstration. Multiplier l'indice par x revient à extraire la racine x^e (no 115), et multiplier l'exposant par x revient à élever à la xe puissance (nos 65 et 114). Ces deux opérations se détruisent.

L'autre partie du théorème se démontre en regardant l'expression à gauche comme la transformée de celle à droite.

Corollaire. On simplifie un radical en divisant l'indice et l'exposant par leur plus grand commun diviseur.

$$\sqrt[12]{a^8} = \sqrt[3]{a^2}.$$

117. Corollaire. *Pour réduire plusieurs radicaux au même indice, on prend pour indice commun le plus petit commun multiple* *des indices et on multiplie l'indice de chaque radical et l'exposant de la quantité placée dessous par le quotient qu'on obtient en divisant l'indice commun par l'indice du radical considéré.*

Ainsi les radicaux $\sqrt[n]{a^p}$, $\sqrt[q]{a^r}$ se réduisent à

$$\sqrt[nq]{a^{pq}},\quad \sqrt[nq]{a^{nr}}.$$

Cette réduction est nécessaire quand on veut multiplier ou diviser des radicaux d'indices différents. Par exemple:

$$\sqrt[6]{a^5}.\sqrt[8]{a} = \sqrt[24]{a^{20}}.\sqrt[24]{a^3} = \sqrt[24]{a^{23}}.$$

§ 2. EXPOSANTS FRACTIONNAIRES.

118. Nous avons vu (n° 113) que

$$\sqrt[n]{a^p} = a^{\frac{p}{n}}$$

dans le cas où l'exposant p est divisible par l'indice n. Si l'on applique cette formule au cas où l'exposant n'est pas divisible par l'indice, on est conduit à une puissance à exposant fractionnaire; on aurait par exemple:

$$\sqrt[3]{8^2} = 8^{\frac{2}{3}}.$$

Un exposant fractionnaire ne peut avoir de sens d'après la définition primitive de la puissance (n° 59); mais pour généraliser le théorème cité, on adopte cette expression symbolique comme représentant le radical.

Définition. *Une puissance dont l'exposant est une fraction représente un radical qui a pour exposant le numérateur de la fraction, et pour indice le dénominateur.*

$$a^{\frac{p}{n}} = \sqrt[n]{a^p}.$$

Exemples:

$$32^{\frac{3}{5}} = \sqrt[5]{32^3} = 2^3 = 8.$$

$$16^{\frac{1}{2}} = \sqrt{16} = 4.$$

$$25^{-\frac{1}{2}} = \frac{1}{25^{\frac{1}{2}}} = \frac{1}{\sqrt{25}} = \frac{1}{5}.$$

Corollaire. Tout radical peut être exprimé par une puissance fractionnaire.

$$\sqrt[3]{a^2} = a^{\frac{2}{3}};\quad \sqrt{a+b} = (a+b)^{\frac{1}{2}}.$$

119. Théorème. *Toutes les propositions établies pour les exposants entiers positifs et étendues aux exposants négatifs* (n° 67) *sont encore vraies pour les exposants fractionnaires.*

Par exemple:

$$a^{\frac{p}{n}}.a^{\frac{r}{q}} = a^{\frac{p}{n}+\frac{r}{q}} = a^{\frac{pq+nr}{nq}},$$

car

$$\begin{aligned} a^{\frac{p}{n}}.a^{\frac{r}{q}} &= \sqrt[n]{a^p}.\sqrt[q]{a^r} \\ &= \sqrt[nq]{a^{pq}}.\sqrt[nq]{a^{nr}} \\ &= \sqrt[nq]{a^{pq+nr}} \\ &= a^{\frac{pq+nr}{nq}}. \end{aligned}$$

§ 3. Transformation des expressions irrationnelles.

120. Simplification de la quantité sous le radical. Si la quantité placée sous un radical peut être décomposée en un produit de deux facteurs dont l'un soit une puissance de même degré que le radical, on peut en *faire sortir ce facteur*, en en extrayant la racine et en la mettant comme facteur devant le radical.

Exemples:

$$\sqrt[n]{a^{n+3}} = \sqrt[n]{a^n.a^3} = a\sqrt[n]{a^3}.$$

$$\sqrt[3]{250a^4b^7} = \sqrt[3]{125a^3b^6.2ab} = 5ab^2\sqrt[3]{2ab}.$$

$$\sqrt{16+32\sqrt{5}} = \sqrt{16(1+2\sqrt{5})} = 4\sqrt{1+2\sqrt{5}}.$$

Réciproquement, on peut *faire entrer* sous un radical un facteur placé devant, en l'élevant à la puissance marquée par l'indice.

$$6\sqrt{\frac{7}{18}} = \sqrt{36\cdot\frac{7}{18}} = \sqrt{14}.$$

$$\sqrt{a\sqrt[3]{a^2}} = \sqrt{\sqrt[3]{a^3.a^2}} = \sqrt[6]{a^5}.$$

121. Évanouissement du dénominateur sous le radical. Pour faire disparaître un dénominateur sous un radical, on multiplie les deux termes de la fraction par une quantité telle que le dénominateur devienne une puissance de même degré que le radical, puis on en fait sortir le dénominateur en en extrayant la racine.

Exemples:

$$\sqrt[3]{\frac{b}{2a^2}} = \sqrt[3]{\frac{4ab}{8a^3}} = \frac{1}{2a}\sqrt[3]{4ab}.$$

$$\sqrt{\frac{9}{50}} = \sqrt{\frac{9.2}{100}} = \frac{3}{10}\sqrt{2}.$$

122. Réduction des termes irrationnels. Les termes irrationnels d'un polynôme ne peuvent se réduire en un seul que quand ils sont *semblables,* c'est-à-dire quand les radicaux ont même indice et portent sur une même quantité. Dans ce cas, on mettra le radical en facteur commun, de sorte que les additions et les soustractions s'opèrent seulement sur les coefficients.

$$11\sqrt{5} - 4\sqrt{5} = 7\sqrt{5}.$$

$$a\sqrt{3x} - b\sqrt{3x} + \sqrt{3x} = (a-b+1)\sqrt{3x}.$$

Lorsque les radicaux portent sur des quantités différentes, on les simplifiera autant que possible (nos 120 et 121), pour voir s'ils deviennent semblables.

$$7\sqrt{12} - 5\sqrt{27} = 14\sqrt{3} - 15\sqrt{3} = -\sqrt{3}.$$

123. Rendre rationnel le dénominateur d'une fraction. Lorsqu'une fraction contient un ou plusieurs radicaux au dénominateur, il est utile, surtout au point de vue de l'évaluation numérique, de *rendre le dénominateur rationnel.* A cette fin on multipliera les deux termes de la fraction par une quantité telle que le produit obtenu au dénominateur ne renferme plus de radicaux.

1er *cas.* Lorsque le dénominateur est un produit ayant pour facteur un radical du 2e degré, on multiplie les deux termes de la fraction par ce radical.

$$\frac{10}{3\sqrt{2}} = \frac{10\sqrt{2}}{3(\sqrt{2})^2} = \frac{5}{3}\sqrt{2}.$$

Généralement, si l'on suppose $n > p$,

$$\frac{x}{y\sqrt[n]{a^p}} = \frac{x\sqrt[n]{a^{n-p}}}{y\sqrt[n]{a^p}.\sqrt[n]{a^{n-p}}} = \frac{x\sqrt[n]{a^{n-p}}}{ya}.$$

2ᵉ *cas.* Si le dénominateur est $\sqrt{a}+\sqrt{b}$ ou $\sqrt{a}-\sqrt{b}$, on multiplie les deux termes de la fraction par $\sqrt{a}-\sqrt{b}$, respectivement par $\sqrt{a}+\sqrt{b}$. De cette manière le dénominateur devient la différence de deux carrés.

On opère de même dans tous les autres cas où le dénominateur est un binôme renfermant un ou deux termes irrationnels.

$$\frac{x}{\sqrt{a}+\sqrt{b}} = \frac{x(\sqrt{a}-\sqrt{b})}{(\sqrt{a})^2-(\sqrt{b})^2} = \frac{x(\sqrt{a}-\sqrt{b})}{a-b}.$$

$$\frac{\sqrt{3}+\sqrt{2}}{\sqrt{3}-\sqrt{2}} = \frac{(\sqrt{3}+\sqrt{2})^2}{3-2} = 5+2\sqrt{6}.$$

$$\frac{1}{1-2\sqrt{3}} = \frac{1+2\sqrt{3}}{1-(2\sqrt{3})^2} = -\frac{1}{11}(1+2\sqrt{3}).$$

Il est à remarquer que cette transformation ne donne un dénominateur rationnel que quand les radicaux sont du 2ᵉ degré.

3ᵉ *cas.* Si le dénominateur se compose de trois termes, on considère deux termes comme une seule quantité, ce qui ramène au cas precédent.

La même règle s'applique à un quadrinôme.

$$\frac{x}{\sqrt{a}+\sqrt{b}+\sqrt{c}} = \frac{x(\sqrt{a}+\sqrt{b}-\sqrt{c})}{(\sqrt{a}+\sqrt{b})^2-(\sqrt{c})^2}$$

$$= \frac{x(\sqrt{a}+\sqrt{b}-\sqrt{c})}{(a+b-c)+2\sqrt{ab}} \text{ etc.}$$

124. Pour transformer une expression de la forme

$$\sqrt{a+\sqrt{b}}$$

en une somme de deux radicaux simples, on fait usage de la formule

$$\sqrt{a+\sqrt{b}} = \sqrt{\frac{a+c}{2}}+\sqrt{\frac{a-c}{2}},$$

dans laquelle c désigne $\sqrt{a^2-b}$.

Cette transformation du radical double en une somme de deux radicaux simples n'est possible que dans le cas où a^2-b est un carré parfait.

Pareillement,

$$\sqrt{a-\sqrt{b}} = \sqrt{\frac{a+c}{2}} - \sqrt{\frac{a-c}{2}}.$$

Exemples:

$$\sqrt{2+\sqrt{3}} = \sqrt{\frac{2+1}{2}} + \sqrt{\frac{2-1}{2}} = \sqrt{\frac{3}{2}} + \sqrt{\frac{1}{2}}.$$

$$\sqrt{7-4\sqrt{3}} = \sqrt{7-\sqrt{48}} = \sqrt{\frac{7+1}{2}} - \sqrt{\frac{7-1}{2}} = 2-\sqrt{3}.$$

§ 4. VALEURS ALGÉBRIQUES DES RADICAUX. QUANTITÉS IMAGINAIRES.

125. Jusqu'ici nous n'avons considéré que la *valeur arithmétique* de $\sqrt[n]{a}$, c'est-à-dire le nombre absolu, rationnel ou irrationnel, qui, élevé à la n^e puissance, donne le nombre absolu a. Pour voir si ce radical peut avoir *plus d'une valeur*, nous examinerons, dans ce numéro, les 4 cas qui peuvent arriver suivant que le radical porte sur un nombre positif ou négatif et qu'il est de degré pair ou impair.

1er cas. *Une racine paire d'un nombre positif a deux valeurs égales et de signes contraires.*

Ainsi, $\sqrt{9}$ a deux valeurs, sa valeur arithmétique 3 et cette valeur affectée du signe —, car ces deux nombres ont tous deux pour carré le nombre positif 9. (nº 60.)

$$\sqrt[2n]{+a} = \pm\sqrt[2n]{a}.$$

$$\sqrt{a^2} = \pm a; \quad \sqrt{a^2-2ab+b^2} = \pm(a-b).$$

Le plus souvent on fait précéder le radical de ce double signe pour indiquer qu'on peut prendre à volonté l'une des deux valeurs. D'après cela, l'expression $a+\sqrt{b}$ ne représente que la somme de a et de la valeur arithmétique de $\sqrt{b}$.

L'ambiguïté de la racine carrée de a^2 n'a pas lieu quand on sait laquelle des deux quantités $+a$ et $-a$ a été élevée au carré. Ainsi $\sqrt{(-4)^2}$ n'a qu'une seule valeur, savoir -4.

2ᵉ *cas. Une racine paire d'un nombre négatif ne représente aucun des nombres considérés jusqu'à présent,* car les puissances paires de tous les nombres, soit positifs ou négatifs, ont des valeurs positives.

Une racine paire d'un nombre négatif représente donc une nouvelle espèce de nombre qu'on a désignée sous le nom de *quantité imaginaire;* par opposition, les autres nombres sont dits *réels.*

Par exemple, $\sqrt{-9}$ et $\sqrt[4]{-16}$ sont imaginaires. On désigne ordinairement le nombre imaginaire $\sqrt{-1}$ par la lettre i.

3ᵉ *cas. Une racine impaire d'un nombre positif a une valeur réelle positive.*

$$\sqrt[2n+1]{+a} = +\sqrt[2n+1]{a}; \quad \sqrt[3]{+8} = +2.$$

4ᵉ *cas. Une racine impaire d'un nombre négatif a une valeur réelle négative.*

$$\sqrt[2n+1]{-a} = -\sqrt[2n+1]{a}; \quad \sqrt[3]{-8} = -2.$$

Remarque. On peut démontrer qu'un radical d'indice n a n valeurs.

126. Calcul des quantités imaginaires.

Définitions. 1. $\sqrt{-1}$ ou i est un symbole qu'on introduit dans les calculs comme s'il représentait un nombre réel, en convenant que son carré égale -1. On donne à i le nom *d'unité imaginaire.*

2. Les quantités qu'on forme en multipliant l'unité imaginaire par des nombres réels quelconques, positifs ou négatifs, sont appelées *quantités imaginaires pures.*

Exemples:

$$2i, \quad \tfrac{1}{3}i, \quad -4i.$$

Ces quantités sont donc formées avec l'unité imaginaire de la même manière que les nombres réels le sont avec l'unité réelle.

Remarque. Pour exprimer la racine carrée d'un nombre négatif au moyen de i, on considère le nombre négatif comme le produit de -1 par sa valeur absolue et l'on applique la règle relative à la racine d'un produit (n° 111). Ainsi

$$\sqrt{-4} = \sqrt{(-1).4} = 2\sqrt{-1} = 2i.$$

Les deux valeurs de $\sqrt{-5}$ sont $\pm i\sqrt{5}$.

On ramène le calcul des radicaux imaginaires à celui des radicaux réels en remplaçant $\sqrt{-a}$ par $i\sqrt{a}$, a étant positif.

Par exemple,

$$\sqrt{-a}.\sqrt{-b} = i\sqrt{a}.i\sqrt{b} = i^2\sqrt{ab} = -\sqrt{ab}.$$

3. Une expression de la forme $a+bi$, dans laquelle a et b représentent des nombres réels, est dite *quantité complexe.* a est la partie réelle de l'expression, bi en est la partie imaginaire.

Les quantités réelles sont comprises sous la forme générale $a+bi$, à laquelle on peut ramener toutes les expressions imaginaires; car si l'on fait $b=0$, la partie imaginaire s'annule et $a+bi$ se réduit à a.

4. Deux quantités complexes qui ne diffèrent que par le signe de la partie imaginaire sont dites *conjuguées.* Telles sont $5+3i$ et $5-3i$.

5. Deux imaginaires de la forme $a+bi$ sont égales quand les parties réelles et les parties imaginaires sont égales séparément. Ainsi toute égalité telle que

$$a+bi = c+di$$

comprend deux égalités entre des quantités réelles, à savoir $a=c$, $b=d$.

Corollaire. Puisqu'on est convenu de traiter i comme un facteur réel, les règles démontrées pour les quantités réelles servent de définition aux opérations qu'on fait subir aux quantités imaginaires.

Addition:

$$(a+bi)+(c+di) = (a+c)+(b+d)i.$$

Soustraction:

$$(a+bi)-(c+di) = (a-c)+(b-d)i.$$

Multiplication:

$$(a+bi).(c+di) = ac+bci+adi+bdi^2$$
$$= (ac-bd)+(bc+ad)i.$$
$$(a+bi).(a-bi) = a^2-(bi)^2 = a^2+b^2.$$

On voit que le produit de deux imaginaires conjuguées est réel, de même que leur somme.

Division:

$$\frac{a+bi}{c+di} = \frac{(a+bi)(c-di)}{(c+di)(c-di)}$$
$$= \frac{(ac+bd)+(bc-ad)i}{c^2+d^2}$$
$$= \frac{ac+bd}{c^2+d^2} + \frac{bc-ad}{c^2+d^2}\,i.$$
$$\frac{1}{a+bi} = \frac{a-bi}{a^2+b^2};\quad \frac{1}{i} = -i.$$

Puissances:

$$i^0 = +1,\quad i^1 = +i,$$
$$i^2 = -1.\quad i^3 = -i,$$
$$i^4 = +1,\quad \text{etc.}$$

Généralement, si n désigne un nombre entier,

$$i^{4n} = (i^4)^n = +1,\quad i^{4n+1} = i^{4n}.i = +i,$$
$$i^{4n+2} = i^{4n}.i^2 = -1,\quad i^{4n+3} = i^{4n}.i^3 = -i.$$

Ainsi les puissances entières de i sont alternativement réelles et imaginaires; les 4 valeurs qu'elles prennent sont $+1$, $+i$, -1, $-i$, suivant que l'exposant divisé par 4 donne pour reste 0, 1, 2 ou 3.

$$(a+bi)^2 = a^2+2abi+(bi)^2$$
$$= a^2-b^2+2abi.$$

Racine carrée:

$$\sqrt{a+bi} = \sqrt{\frac{m+a}{2}} + i\sqrt{\frac{m-a}{2}},$$
$$\sqrt{a-bi} = \sqrt{\frac{m+a}{2}} - i\sqrt{\frac{m-a}{2}},$$

m désignant $\sqrt{a^2+b^2}$, nombre qu'on appelle le *module* de la quantité $a+bi$ et de sa conjuguée $a-bi$. Dans ces formules tous les radicaux doivent être pris avec leur valeur positive. Voir n° 124.

CHAPITRE IX.
DES LOGARITHMES.

§ 1. PROPRIÉTÉS FONDAMENTALES.

127. L'élévation aux puissances donne lieu à deux opérations inverses, car la base et l'exposant d'une puissance ne pouvant être échangés l'un avec l'autre, il y aura deux opérations distinctes à faire, suivant qu'on cherche l'un ou l'autre de ces nombres. La première de ces opérations inverses est l'extraction des racines, par laquelle on détermine la base d'une puissance (n° 109); l'autre constitue la septième et dernière opération de l'arithmétique, qui a pour but de *trouver l'exposant d'une puissance, connaissant la puissance même et sa base.*

Définition. Lorsqu'on a l'égalité

$$g^x = a,$$

on dit que x est le *logarithme du nombre a pour la base g*, ce qu'on écrit

$$x = \log a_{(g)}.$$

Ainsi *le logarithme d'un nombre pour une base donnée est l'exposant de la puissance à laquelle il faut élever la base pour reproduire ce nombre.*

Par exemple,

$$\log 1000_{(10)} = 3, \quad \text{car} \quad 10^3 = 1000;$$
$$\log 8_{(64)} = \tfrac{1}{2}, \quad \text{car} \quad 64^{\frac{1}{2}} = 8;$$
$$\log \tfrac{1}{16}{}_{(2)} = -4, \quad \text{car} \quad 2^{-4} = \tfrac{1}{16}.$$

De la définition résultent immédiatement les deux formules:

$$g^{\log a_{(g)}} = a,$$
$$\log g^a{}_{(g)} = a.$$

128. Théorème. *La puissance g^x peut prendre toutes les valeurs positives, si g est un nombre positif, supérieur ou inférieur à l'unité, et que l'exposant x varie d'une manière continue de $-\infty$ à $+\infty$.*

Démonstration. Supposons d'abord le nombre positif g plus grand que 1, et faisons passer l'exposant par toutes les valeurs depuis 0 jusqu'à $+\infty$. Pour $x=0$, on a $g^0=1$; pour $x=\infty$, on a $g^\infty=\infty$; d'ailleurs il est évident que les puissances successives vont toujours en croissant. Il s'ensuit que, si x croît de 0 à $+\infty$, la puissance g^x croît de 1 à $+\infty$. Si l'on donne à x des valeurs négatives, on peut poser $x=-y$, y étant un nombre positif. Comme on a $g^x=\frac{1}{g^y}$, si y croît de 0 à $+\infty$, le dénominateur de cette fraction croît de 1 à $+\infty$, et par suite la fraction décroît de 1 à 0. On voit donc que, x décroissant de 0 à $-\infty$, la puissance g^x décroît de 1 à 0. En résumé, si l'exposant x varie de $-\infty$ à $+\infty$, la puissance g^x varie de 0 à $+\infty$. En outre, elle ne prend qu'une seule fois une valeur déterminée.

La démonstration est analogue pour $g<1$.

Corollaire. On peut représenter tous les nombres positifs par les puissances d'un même nombre positif, plus grand ou plus petit que 1.

129. Définition. L'ensemble des logarithmes de tous les nombres, correspondant à une même base, forme ce qu'on appelle un *système de logarithmes*. On peut choisir pour base d'un système un nombre positif quelconque, excepté 1.

Corollaires. 1. Tout nombre positif a un logarithme et n'en a qu'un seul dans le système considéré.

2. Dans tout système de logarithmes, à des nombres égaux correspondent des logarithmes égaux, et réciproquement.

$$\text{Si l'on a} \quad a = b,$$
$$\text{on en conclut} \quad \log a = \log b.$$

3. Dans tout système, le logarithme de la base est égal à 1, et celui de 1 est égal à 0.

$$\log g = 1, \quad \text{car} \quad g^1 = g,$$
$$\log 1 = 0, \quad \text{car} \quad g^0 = 1,$$

quelle que soit la base g.

4. Dans un système dont la base est supérieure à l'unité, les nombres plus grands que l'unité ont des logarithmes positifs,

et les nombres plus petits que l'unité ont des logarithmes négatifs. Au plus grand de deux nombres correspond le plus grand logarithme.

Le contraire a lieu lorsque la base est moindre que l'unité.

5. Les nombres négatifs n'ont pas de logarithmes réels, car toutes les puissances d'une base positive sont positives.

6. Les nombres qui sont des puissances entières ou fractionnaires de la base ont des logarithmes rationnels. Les autres nombres ont des logarithmes irrationnels.

$$\log 64_{(8)} = 2; \quad \log 32_{(8)} = \tfrac{5}{3}.$$

130. Problème. *Calculer à moins de* $\frac{1}{n}$ *près le logarithme d'un nombre* a *pour une base* g.

Solution. Soit x le logarithme de a dans le système dont la base est g; on tire de là

$$g^x = a,$$

et, en élevant de part et d'autre à la n^e puissance,

$$g^{nx} = a^n.$$

Il s'agit de déterminer deux nombres $\frac{k}{n}$ et $\frac{k+1}{n}$, comprenant entre eux le nombre irrationnel x. On a donc à satisfaire aux inégalités

$$\frac{k}{n} < x < \frac{k+1}{n},$$

ou

$$k < nx < k+1;$$

d'où il suit, si la base g est supérieure à 1,

$$g^k < g^{nx} \text{ ou } a^n < g^{k+1}.$$

D'après cela, on formera les puissances entières de g et la n^e puissance de a. Cette dernière sera nécessairement comprise entre deux puissances consécutives de g. Si ce sont la $k^{\text{ième}}$ et la $(k+1)^{\text{ième}}$, les fractions $\frac{k}{n}$ et $\frac{k+1}{n}$ représentent deux valeurs approchées du logarithme.

Exemple. Soit à calculer à 0,001 près le logarithme de 2 pour la base 10. On posera

$$10^k < 2^{1000} < 10^{k+1},$$

ce qui montre qu'il suffit de chercher le nombre des chiffres de 2^{1000}. On trouve que cette puissance s'écrit avec 302 chiffres, et comme ce nombre moins 1 représente k, on a $\log 2 = 0{,}301$ à 0,001 près.

131. Théorème. *Dans tout système de logarithmes, le logarithme d'un produit est égal à la somme des logarithmes des facteurs.*

$$\log ab = \log a + \log b.$$

Démonstration. Soit g la base du système dans lequel on prend les logarithmes. On a (n° 127)

$$g^{\log a} = a, \quad g^{\log b} = b.$$

En multipliant ces égalités membre à membre, on obtient (n° 61)

$$g^{\log a + \log b} = ab.$$

Or, l'exposant de la puissance à laquelle il faut élever la base du système pour obtenir un certain nombre, est le logarithme de ce nombre; donc

$$\log ab = \log a + \log b.$$

Remarque. Le théorème s'étend à un nombre quelconque de facteurs.

132. Théorème. *Le logarithme d'un quotient est égal au logarithme du dividende moins celui du diviseur.*

$$\log \frac{a}{b} = \log a - \log b.$$

Démonstration analogue. (n° 62.)

Corollaire. Deux nombres qui sont inverses l'un de l'autre ont des logarithmes égaux, mais de signes contraires.

$$\log \frac{1}{a} = \log 1 - \log a = -\log a.$$

133. Théorème. *Le logarithme d'une puissance d'un nombre est égal au produit du logarithme de ce nombre par l'exposant de la puissance.*

$$\log a^n = n \log a.$$

Démonstration. On a par définition

$$g^{\log a} = a.$$

En élevant les 2 membres à la n^e puissance, on trouve (n° 65)

$$g^{n\log a} = a^n,$$

d'où

$$\log a^n = n \log a.$$

134. Théorème. *Le logarithme d'une racine d'un nombre est égal au quotient du logarithme de ce nombre par l'indice de la racine.*

$$\log \sqrt[n]{a} = \frac{1}{n} \log a.$$

Démonstration analogue. (nos 113 et 118.)

Remarque. Les propriétés des logarithmes permettent de remplacer les opérations du 2e et du 3e ordre qu'on peut avoir à faire sur des nombres par les opérations d'un ordre inférieur sur leurs logarithmes.

Ainsi la multiplication, la division, l'élévation aux puissances et l'extraction des racines sont remplacées respectivement par l'addition, la soustraction, la multiplication et la division. Mais il faut, pour profiter de ces simplifications, connaître le logarithme d'un nombre quelconque, ainsi que le nombre correspondant à un logarithme quelconque. Aussi a-t-on construit des tables donnant les logarithmes de tous les nombres avec une approximation suffisante.

Comme il n'y a pas de théorème sur le logarithme d'une somme ou d'une différence, on ne saurait faire usage des logarithmes pour le calcul d'un polynôme.

135. Problème. *Trouver le logarithme d'un nombre dans un certain système, connaissant son logarithme dans un autre système.*

Solution. Soit x le logarithme du nombre a pour la base b; on aura

$$b^x = a.$$

Si l'on prend de part et d'autre les logarithmes dans le système connu, dont la base est g, il vient

$$\log b^x_{(g)} \quad \text{ou} \quad x \log b_{(g)} = \log a_{(g)}.$$

Donc

$$x \text{ ou } \log a_{(b)} = \frac{\log a_{(g)}}{\log b_{(g)}}.$$

Corollaire I. On voit par la formule précédente que le rapport des logarithmes d'un même nombre, dans deux systèmes différents, est le même pour tous les nombres. Ce rapport constant est appelé le *module du nouveau système par rapport au primitif.*

$$\log a_{(b)} = M \log a_{(g)}, \quad M \text{ désignant } \frac{1}{\log b_{(g)}}.$$

Si l'on substitue g à la place de a, on obtient

$$\log g^{(b)} = \frac{1}{\log b_{(g)}}.$$

Corollaire II. Le problème que nous venons de traiter sert en même temps à résoudre une *équation exponentielle*, c'est-à-dire une équation de la forme

$$b^x = a,$$

dans laquelle a et b sont deux nombres positifs donnés. On en tire

$$x = \frac{\log a_{(g)}}{\log b_{(g)}}.$$

136. On n'emploie en algèbre que deux systèmes de logarithmes: le premier a été construit par *Néper*, qui prit pour base le nombre irrationnel

$$e = 1 + \frac{1}{1} + \frac{1}{1.2} + \frac{1}{1.2.3} + \cdots = 2{,}7182818\ldots$$

Les logarithmes de ce système se nomment *logarithmes naturels* ou *népériens* ou *hyperboliques;* on les indique ordinairement par la lettre L. L'autre système est celui de *Briggs* et a pour base le nombre 10, comme notre système de numération. Les logarithmes de Briggs sont aussi dits *vulgaires*, à cause de leur usage exclusif dans les calculs numériques. On les indique par le signe *log*.

Il résulte du nº 135 que

$$\log a = \frac{1}{L10} La.$$

Donc, *pour obtenir le logarithme vulgaire d'un nombre*, on

multiplie le logarithme népérien de ce nombre par l'inverse du logarithme népérien de la nouvelle base 10. C'est ce facteur qu'on nomme spécialement le *module du système vulgaire.*

$$L10 = 2{,}30259\ldots, \quad \frac{1}{L10} = 0{,}43429\ldots$$

§ 2. DES LOGARITHMES VULGAIRES.

137. Dans le système vulgaire, une puissance de 10 a pour logarithme son exposant:

$$\log 10^n = n.$$

Les puissances entières de 10 sont les seuls nombres dont les logarithmes vulgaires soient rationnels. Tous les autres nombres ont des logarithmes irrationnels, dont on exprime les valeurs approchées au moyen de nombres décimaux. La partie entière d'un logarithme est appelée *caractéristique*, sa partie décimale porte en allemand le nom de *Mantisse.*

Théorème. *Lorsqu'on multiplie ou qu'on divise un nombre par* 10^n, *la caractéristique de son logarithme vulgaire augmente ou diminue de n unités, mais la partie décimale n'est pas altérée.*

Soit a le nombre qu'on multiplie par 10^n; on aura

$$\log(a.10^n) = \log a + \log 10^n = \log a + n.$$

En divisant, au contraire, le nombre a par 10^n, on trouve

$$\log \frac{a}{10^n} = \log a - \log 10^n = \log a - n.$$

Si l'on a, par exemple,

$$\log 3 = 0{,}47712,$$

on en conclut

$$\log 3000 = 0{,}47712 + 3 \quad \text{ou} \quad 3{,}47712,$$
$$\log 0{,}03 = 0{,}47712 - 2 \quad \text{ou} \quad -2{,}47712.$$

Corollaire I. Si deux nombres décimaux ne diffèrent que par la place de la virgule, leurs logarithmes ont la même partie décimale positive et ne diffèrent que par la caractéristique.

Corollaire II. Si l'on connaît les logarithmes des nombres entiers, on trouve immédiatement ceux des nombres décimaux en diminuant la caractéristique d'une ou de plusieurs unités. C'est pour cela qu'on écrit les logarithmes négatifs, c'est-à-dire les logarithmes des nombres plus petits que 1, sous la forme d'une différence dont le premier terme représente la partie décimale, et dont le second est la caractéristique.

Pour transformer un logarithme entièrement négatif en un logarithme ayant la caractéristique seule négative, on ajoute et on soustrait le nombre entier immédiatement supérieur à la valeur absolue du logarithme. Par exemple,

$$\begin{aligned} \log x &= -2{,}84164 \\ &= 3-2{,}84164-3 \\ &= 0{,}15836-3. \end{aligned}$$

138. Théorème. *La caractéristique d'un logarithme est égale au rang du premier chiffre significatif du nombre correspondant.* (Le rang d'un chiffre est exprimé par l'exposant de la puissance correspondante de 10, et se détermine, par suite, à partir des unités simples, et non à partir de la virgule.)

Démonstration. 1° Si n désigne le rang du 1er chiffre d'un nombre plus grand que 1, ce nombre est compris entre 10^n et 10^{n+1}; par conséquent son logarithme, étant compris entre n et $n+1$, se compose de n unités et d'une partie décimale.

2° Si $-n$ est le rang du 1er chiffre significatif dans la fraction décimale a, le produit $a.10^n$ sera compris entre 1 et 10, et la caractéristique de son logarithme sera 0. Pour revenir au nombre a, il faut diviser par 10^n, c'est-à-dire soustraire n du logarithme. On a donc la caractéristique $-n$.

Par exemple,

$$\begin{aligned} \log 2{,}76 &= 0{,}44091, \\ \log 0{,}00276 &= 0{,}44091-3. \end{aligned}$$

CHAPITRE X.

DES ÉQUATIONS DU PREMIER DEGRÉ À UNE INCONNUE.

§ 1. PROPRIÉTÉS GÉNÉRALES DES ÉQUATIONS.

139. Définitions. On appelle *égalité* la réunion de deux quantités par le signe =.

On appelle *identité* une égalité qui a lieu entre deux expressions algébriques, quelles que soient les valeurs attribuées aux lettres.

Par exemple,

$$a = a; \quad abc = acb; \quad x^2 - a^2 = (x+a)(x-a).$$

On appelle *équation* une égalité qui n'a lieu que si l'on remplace par certaines valeurs particulières une ou plusieurs lettres qui y entrent, et qui peut, par suite, servir à déterminer ces valeurs.

Ainsi

$$2x - 1 = 9$$

est une équation, car il faut attribuer à la lettre x la valeur particulière 5, pour que les deux membres de l'équation deviennent égaux ou identiques.

Les quantités dont on détermine les valeurs s'appellent *les inconnues* de l'équation; on a coutume de réserver pour les inconnues les dernières lettres de l'alphabet x, y, z, u . . ., et les autres lettres pour les quantités données.

Résoudre une équation, c'est trouver les valeurs des inconnues qui *satisfont* à l'équation, c'est-à-dire qui la transforment en identité. Ces valeurs sont dites les *racines* ou *solutions* de l'équation.

Par exemple, l'équation

$$x^2 + 20 = 9x$$

est satisfaite par $x = 4$ et par $x = 5$.

On distingue les équations algébriques d'après leur degré et le nombre des inconnues qu'elles renferment. Le *degré* d'une équation est indiqué par la somme des exposants des inconnues dans le terme où cette somme est la plus forte. Par conséquent le degré d'une équation à une inconnue est marqué par le plus haut exposant de cette inconnue. Cette définition exige que l'équation considérée ne renferme les inconnues ni entre parenthèses, ni au dénominateur, ni sous le signe radical.

Exemples:

$3x = 7\frac{1}{2}$ est une équation du 1er degré,

$x^2 - 6x = 40$ est une équation du 2e degré.

140. Définition. On dit que deux équations sont *équivalentes* lorsqu'elles admettent les mêmes solutions.

Il s'ensuit que, dans la résolution des équations, on peut remplacer une équation par toute autre qui lui est équivalente. Pour résoudre une équation à une inconnue, on la remplacera successivement par des équations équivalentes qui deviennent de plus en plus simples, jusqu'à ce qu'on parvienne à avoir l'inconnue seule dans un membre et des quantités données dans l'autre.

Nous avons vu plus haut que *quand on effectue une même opération algébrique sur les deux membres d'une égalité, les résultats qu'on obtient sont égaux.* Ainsi une égalité ne cesse pas de subsister, 1° quand on augmente ou diminue ses deux membres d'une même quantité, 2° quand on multiplie ou qu'on divise les deux membres par une même quantité, 3° quand on les élève à une même puissance, ou qu'on en extrait une même racine ou qu'on en prend les logarithmes dans un même système.

Mais lorsqu'il s'agit de résoudre une équation proposée, il reste à savoir si la nouvelle équation est équivalente à la première. C'est ce que nous allons examiner dans les propositions suivantes.

141. Théorème. *On peut ajouter ou soustraire une même quantité aux deux membres d'une équation, sans en altérer les racines.*

Considérons l'équation

$$(1) \qquad 3x - 8 = x + 2$$

et ajoutons la quantité $8 - x$ à ses deux membres. Je dis que l'équation

$$(2) \qquad 3x-8+(8-x) = x+2+(8-x)$$

est équivalente à la première.

En effet, toute racine de l'équation (1), substituée à x, rend le premier membre $3x-8$ égal au second $x+2$. Si donc on ajoute à ces deux valeurs égales la valeur numérique correspondante de la quantité $8-x$, on obtient des sommes égales. Or ces sommes représentent les valeurs numériques des deux membres de l'équation (2); donc toute racine de l'équation (1) satisfait aussi à l'équation (2).

Réciproquement, toute racine de l'équation (2) donne des valeurs égales à ses deux membres. Si donc on retranche de ces valeurs la valeur numérique correspondante de $8-x$, on obtient des restes égaux. Or ces restes représentent les valeurs des deux membres de l'équation (1); donc toute racine de l'équation (2) satisfait aussi à l'équation (1).

142. Corollaire. *On peut faire passer un terme quelconque d'une équation d'un membre dans l'autre, pourvu que l'on change le signe de ce terme.*

C'est ce qu'on appelle la *transposition* des termes.

Soit l'équation

$$7x-6 = 2x+4.$$

Si nous ajoutons 6 aux deux membres, il vient

$$7x = 2x+4+6;$$

de même, retranchons $2x$ des deux membres, l'équation devient

$$7x-2x = 4+6.$$

Les termes -6 et $2x$ sont passés, comme on le voit, d'un membre dans l'autre, mais en changeant de signe.

Remarque. S'il se trouve, de part et d'autre du signe $=$, deux termes égaux et affectés du même signe, on peut les supprimer.

143. Théorème. *On peut multiplier ou diviser par une même quantité les deux membres d'une équation sans en altérer les racines, pourvu que cette quantité ne soit pas nulle ou ne puisse pas le devenir.*

Supposons qu'on ait fait passer tous les termes de l'équation dans le 1er membre, de sorte qu'elle prend la forme

$$(1) \qquad A = 0.$$

Je dis que l'équation

$$(2) \qquad A.m = 0$$

est équivalente à la première si m est une quantité finie et différente de zéro.

En effet toute racine de l'équation (1) rend l'expression A égale à zéro. Mais si A est nul, le produit de A par m sera aussi nul. Réciproquement, toute racine de l'équation (2) annule le produit $A.m$. Mais pour qu'un produit soit nul, il faut que l'un des facteurs le soit; et comme le facteur m ne peut, par hypothèse, prendre la valeur zéro, l'autre facteur A doit être annulé par la racine considérée. Ainsi les deux équations sont équivalentes.

Mais si le multiplicateur m peut être nul, l'équation (2) pourra être vérifiée sans que A soit nul, c'est-à-dire sans que l'équation (1) soit vérifiée.

Remarque I. Lorsqu'on multiplie les deux membres d'une équation par une quantité contenant l'inconnue, il peut arriver qu'on y introduise des racines étrangères, à savoir celles qui rendent le multiplicateur égal à zéro.

Soit par exemple l'équation

$$\frac{x^2}{x-1} - 9 = \frac{2x-1}{x-1}.$$

Si l'on multiplie les deux membres par $x-1$, on a

$$x^2 - 9(x-1) = 2x-1,$$

d'où l'on déduit

$$x^2 - 11x = -10.$$

Cette équation admet pour racines 10 et 1, tandis que l'équation proposée n'est vérifiée que par la valeur 10. Il faut donc rejeter la racine $x = 1$, qu'on a introduite par la multiplication. Pour reconnaître que la valeur 1 ne vérifie pas la première équation, il suffit de transposer et de réduire les termes de la manière suivante:

$$\frac{x^2}{x-1} - \frac{2x-1}{x-1} = 9$$

$$\frac{x^2-2x+1}{x-1} = 9$$

$$x-1 = 9.$$

Remarque II. Lorsqu'on divise les deux membres d'une équation par une quantité contenant l'inconnue, on s'expose à supprimer une ou plusieurs racines, à savoir celles qui rendent le diviseur égal à zéro.

Soit l'équation

$$x^2-2x = 5x-10,$$

qui admet les solutions 5 et 2. Si nous la mettons sous la forme

$$x(x-2) = 5(x-2),$$

la division des deux membres par $x-2$ supprimera l'une des solutions.

On voit de même que l'équation

$$2x^2 = 6x$$

n'est pas équivalente à l'équation

$$2x = 6,$$

qu'on forme en divisant par x les deux membres de la première.

144. Corollaire I. *On peut changer les signes de tous les termes d'une équation*, car cela revient à multiplier les deux membres par -1.

Corollaire II. *On fait disparaître les dénominateurs d'une équation en multipliant tous les termes par le plus petit commun multiple des dénominateurs.* Pour effectuer cette multiplication sur les termes fractionnaires, on divise le plus petit multiple par le dénominateur de chaque terme et on multiplie le numérateur correspondant par le quotient obtenu.

Soit l'équation

$$\frac{7x+2}{12} - 1 = \frac{3x}{8}$$

Le plus petit multiple des dénominateurs est 24. En multipliant tous les termes par 24, on chassera les dénominateurs;

l'équation ainsi obtenue

$$(7x+2).2-24 = 3x.3$$

sera équivalente à la proposée.

145. Théorème. *Lorsqu'on élève à une même puissance les deux membres d'une équation, on introduit en général des solutions étrangères.*

Soient A et B les deux membres de l'équation. Toute valeur qui, mise à la place de l'inconnue, vérifie l'équation

$$(1) \qquad A = B,$$

vérifiera sans doute aussi l'équation

$$(2) \qquad A^2 = B^2.$$

Mais la réciproque n'est pas vraie, car l'équation (2) pouvant s'écrire

$$A^2-B^2 \quad \text{ou} \quad (A+B).(A-B) = 0,$$

admet deux sortes de solutions: 1° celles qui rendent nul le facteur $A-B$ et qui vérifient l'équation (1), 2° celles qui rendent nul le facteur $A+B$ et qui peuvent ne pas vérifier l'équation (1).

Une démonstration analogue s'applique au cas où l'on élève les deux membres à une puissance quelconque.

Prenons pour exemple l'équation

$$(1) \qquad 3-x = \sqrt{9+9x-2x^2},$$

dans laquelle nous prenons le radical avec sa valeur arithmétique. Si on élève les deux membres au carré, on trouve

$$9-6x+x^2 = 9+9x-2x^2,$$

ou, en supprimant les deux termes égaux 9 et rassemblant dans un membre les termes en x^2, et dans l'autre membre ceux en x,

$$(2) \qquad 3x^2 = 15x.$$

Cette équation est satisfaite par les valeurs 0 et 5, tandis que la première n'admet pour solution que la valeur 0. On voit aisément que la solution 5 conviendrait à l'équation

$$3-x = -\sqrt{9+9x-2x^2}.$$

§ 2. RÉSOLUTION DES ÉQUATIONS DU PREMIER DEGRÉ À UNE INCONNUE.

146. Règle générale. *Pour résoudre une équation rationnelle, c'est-à-dire qui ne contient aucun radical portant sur l'inconnue, on commence par chasser les dénominateurs; puis on fait disparaître les parenthèses, au moins celles qui renferment l'inconnue; on fait passer les termes inconnus dans un membre, et les termes connus dans l'autre membre; ensuite on réduit dans chaque membre les termes semblables. On arrive ainsi à une équation de la forme*

$$ax = b$$

dont on obtient la racine unique en divisant les deux membres par le coefficient de l'inconnue.

Remarque. Pour abréger les calculs, on aura soin de simplifier, après chaque transformation, l'équation qu'on vient d'obtenir, par exemple, en supprimant dans un même membre les termes égaux et de signes contraires, ou dans les deux membres les termes égaux et de même signe, en ôtant un facteur commun à tous les termes, en changeant tous les signes, etc.

Pour être certain que la solution trouvée vérifie effectivement l'équation proposée, on la substitue à l'inconnue dans cette équation, qui doit alors se transformer en une identité.

147. Exemples. I. Soit l'équation

$$2x - \frac{7x-5}{8} = 5 + \frac{1-2x}{5}.$$

Si l'on multiplie tous les termes par 40, le plus petit commun multiple des dénominateurs, on a

$$80x - (7x-5).5 = 200 + (1-2x).8$$

ou

$$80x - 35x + 25 = 200 + 8 - 16x.$$

On met les termes qui contiennent x dans le premier membre, et les termes connus dans le second, ce qui donne

$$80x - 35x + 16x = 200 + 8 - 25,$$

ou, toutes réductions faites de part et d'autre,

$$61x = 183.$$

Pour dégager l'inconnue de son coefficient, on divise par 61 et l'on obtient

$$x = 3.$$

Vérification. Si on met le nombre 3 à la place de x dans l'équation proposée, le 1er membre devient

$$6 - \frac{21-5}{8} = 6-2 = 4.$$

et le 2[e]

$$5 + \frac{1-6}{5} = 5 + (-1) = 4.$$

On voit que la vérification réussit.

II. Soit l'équation littérale

$$(1) \qquad \frac{a-x}{b-x} = \frac{b}{a}.$$

Le dénominateur commun étant le produit des dénominateurs, on multipliera $a-x$ par a, et b par $b-x$, ce qui donne

$$(2) \qquad a^2 - ax = b^2 - bx,$$

ou, par la transposition des termes,

$$(3) \qquad -ax + bx = b^2 - a^2.$$

En changeant tous les signes et en mettant x en facteur commun, on a

$$(4) \qquad (a-b)x = a^2 - b^2;$$

on en tire

$$(5) \qquad x = \frac{a^2-b^2}{a-b} = a+b.$$

Il est facile de constater que cette valeur satisfait à l'équation (1). Pour passer de l'équation (4) à l'équation finale, on a divisé par $a-b$. Si l'on suppose b égal à a, ce diviseur s'annule et l'équation (5) prend la forme $x = \frac{0}{0}$. On en conclut que, dans cette hypothèse, l'équation (1) est vérifiée non seulement par $2a$, mais par une valeur quelconque de l'inconnue. Voir le n° suivant.

148. Théorème. *Une équation du premier degré à une inconnue admet une racine et n'en admet qu'une seule, si le coefficient* *de l'inconnue est différent de zéro. Elle n'admet aucune racine, si ce coefficient est nul sans que le terme connu le soit; et elle en admet une infinité, si le coefficient est nul en même temps que le terme connu.*

En effet, on peut ramener toute équation du premier degré à la forme

$$ax = b.$$

Si a n'est pas nul, on peut diviser par a et l'on trouve pour l'inconnue la valeur unique et déterminée

$$x = \frac{b}{a}.$$

Si a est nul et $b \gtrless 0$, la racine prend la forme

$$x = \frac{b}{0}.$$

Mais alors l'équation est $0.x = b$ et ne saurait être satisfaite par aucune valeur finie de x (n° 57). On dit souvent que $\frac{b}{0}$ ou ∞ est le *symbole de l'impossibilité.*

Enfin si a et b sont nuls à la fois, la racine se présente sous la forme

$$x = \tfrac{0}{0}.$$

Alors l'équation $0.x = 0$ est satisfaite, quelle que soit la valeur qu'on attribue à l'inconnue, et l'on dit que $x = \frac{0}{0}$ est le *symbole de l'indétermination.*

149. Équations irrationnelles. *Pour résoudre une équation qui contient l'inconnue sous des radicaux, on cherche à les faire disparaître en élevant les deux membres à une puissance convenable.*

Par exemple, si un seul terme de l'équation est irrationnel, on l'isole dans un membre et on élève l'équation à la puissance marquée par l'indice.

Lorsque l'équation ne contient que 2 termes, dont chacun est multiplié par un radical, on les sépare et élève chaque membre à une puissance ayant pour exposant le plus petit commun multiple des deux indices.

Dans le cas de plus de 2 termes, on les isole autant que possible et répète au besoin les élévations aux puissances.

Enfin lorsque tous les radicaux qui figurent dans l'équation sont semblables ou peuvent être rendus tels, on peut prendre le radical pour l'inconnue et résoudre l'équation par rapport à cette inconnue auxiliaire.

Soit à résoudre l'équation

$$(1) \qquad \sqrt{3+x}+\frac{1}{\sqrt{3+x}}+\sqrt{6+x}=0.$$

Multiplions tous les termes par $\sqrt{3+x}$:

$$3+x+1+\sqrt{(6+x)(3+x)}=0.$$

Mettons le radical dans le second membre et élevons au carré:

$$(x+4)^2=\left(-\sqrt{(6+x)(3+x)}\right)^2$$

ou

$$(2) \qquad x^2+8x+16=18+9x+x^2.$$

En supprimant les termes qui se détruisent et en transposant, on obtient

$$x=-2.$$

Pour voir si l'on a introduit une solution étrangère par l'élévation au carré, il faut substituer directement la valeur trouvée dans l'équation proposée. Le premier membre donne $1+1+2$ ou 4, tandis que l'autre membre est nul. Ainsi la solution $x=-2$ ne convient pas à l'équation (1) et doit être rejetée. Cela tient à ce qu'on aurait obtenu la même équation rationnelle (2), si le radical qu'on a isolé avait eu le signe contraire.

§ 3. DES PROBLEMES DU PREMIER DEGRÉ À UNE INCONNUE.

150. La résolution d'un problème comprend trois parties: la *mise en équation*, la *résolution de l'équation* et la *discussion de la solution.*

Mettre un problème en équation ou le *traduire en langage algébrique*, c'est établir une équation qui exprime les relations entre les quantités données et la quantité inconnue. Pour y arriver, *on représente l'inconnue du problème par la lettre x, puis on indique sur cette lettre et sur les données les opérations qu'il faudrait effec-*

tuer pour vérifier la valeur de l'inconnue si elle était connue. On sera conduit ainsi à deux expressions qui représentent une même quantité; en les égalant on obtient l'équation du problème.

Il est bien entendu que les quantités qu'on exprime par les différents termes de l'équation trouvée doivent être évaluées par la même unité de mesure.

Au lieu de prendre l'inconnue indiquée par l'énoncé de la question, il est souvent avantageux de choisir pour inconnue une autre quantité et, sa valeur étant trouvée, d'en déduire celle de la première.

Quand on a résolu l'équation obtenue, il reste à *discuter la solution,* c'est-à-dire à examiner si les racines de l'équation conviennent au problème posé et pourquoi elles n'y conviennent pas dans certains cas. Lorsque les données sont représentées par des lettres, il faut en outre étudier les cas particuliers résultant des diverses valeurs qu'on peut donner à ces lettres, et chercher les conditions auxquelles doivent satisfaire les données pour que le problème soit possible.

Une solution *négative* annonce en général que le problème, *tel qu'il est posé,* est impossible. Mais souvent on réussit à interpréter une valeur négative en modifiant l'énoncé du problème, de telle sorte que la même valeur, prise positivement, satisfasse au nouvel énoncé.

151. Exemples.

Problème I. *Quatre joueurs ont perdu ensemble* 30 *marks. La perte de B dépasse d'un demi-mark le triple de la perte de A; la perte de C est égale au double de celle de B, moins* 4 *marks; D a perdu* 3 *marks de moins que B et C ensemble; combien chacun d'eux a-t-il perdu?*

Solution. Le problème serait résolu si l'on connaissait la perte de A. On la désigne par x, et on formera le tableau suivant:

La perte de A est x,
la perte de B est $3x+\frac{1}{2}$,
la perte de C est $2(3x+\frac{1}{2})-4 = 6x-3$,
la perte de D est $(3x+\frac{1}{2})+(6x-3)-3 = 9x-5\frac{1}{2}$.

Donc le total des pertes sera $19x-8$, et comme il doit être égal à 30, on a l'équation

$$19x-8=30,$$

d'où

$$x=2.$$

Réponse. *A* a perdu 2 marks; *B*, $6\frac{1}{2}$;

C, 9; *D*, $12\frac{1}{2}$.

Problème II. *Combien faut-il mélanger de vin à 2 marks 50 le litre avec 60 litres de vin à 1 mark 50, pour former un mélange valant 1 mark 75 le litre?*

Solution. Soit x le nombre de litres demandé.

x litres à 2,50 marks valent $2{,}50x$ marks,
60 . . . à 1,50 . . . . . . 90 . . .;

donc les deux quantités de vin valent ensemble $(2{,}50x+90)$ marks. D'autre part, un litre de mélange devant coûter 1,75 mark, la valeur du mélange est aussi exprimée par $1{,}75.(x+60)$ marks. De là l'équation

$$2{,}50x+90=1{,}75(x+60),$$

qui donne successivement

$$2{,}50x+90=1{,}75x+105$$
$$0{,}75x=15$$
$$x=20.$$

Réponse. Il faut prendre 20 litres de vin de la 1re espèce.

Problème III. *Un négociant a acheté 15 barils d'huile qu'il paye à raison de 2 marks le litre. En revendant cette huile au prix de 3 marks le litre, il ne gagne que $42\frac{1}{2}$ pour cent, parce qu'il y a 4 litres de perte sur chaque baril. Combien le baril contient-il de litres?*

Solution. Soit x le nombre de litres; puisque le marchand achète 15 barils ou $15x$ litres à 2 marks le litre, il les paye $30x$ marks. Mais à cause de la perte de 4 litres qu'il fait sur chaque baril, il ne peut vendre en détail que $15(x-4)$ litres, pour lesquels il reçoit la somme de $45(x-4)$ marks. La différence entre le prix de vente et le prix d'achat, soit $45(x-4)-30x$, exprime ce qu'il gagne à ce marché. D'un autre côté, ce gain est égal aux $42\frac{1}{2}$ pour cent du prix d'achat, soit $\frac{30x.42\frac{1}{2}}{100}$.

Par conséquent l'équation du problème sera

$$45(x-4)-30x = \frac{30.42\frac{1}{2}x}{100};$$

on en déduit

$$3(x-4)- 2x = \frac{2.42\frac{1}{2}x}{100}$$

$$x-12 = \frac{17x}{20}$$

$$\frac{3x}{20} = 12$$

$$x = 80.$$

Réponse. Chaque baril contient 80 litres d'huile.

Problème IV. *De deux personnes A et B, l'une a 32 ans l'autre en a 12. Dans combien de temps l'âge de la premièr sera-t-il double de celui de l'autre?*

Solution. Soit x le nombre d'années cherché. Après ce temps A aura $32+x$ années, B en aura $12+x$. Mais on doit auss obtenir l'âge de A en doublant celui de B, ce qui donne $2(12+x)$ De là résulte l'équation

$$32+x = 2(12+x),$$

qui admet la racine

$$x = 8.$$

Réponse. Dans 8 ans le rapport des deux âges sera égal à 2

Pour *généraliser* ce problème, désignons les deux âges par a et b. L'équation devient alors

$$(1) \qquad a+x = 2(b+x),$$

d'où l'on déduit

$$(2) \qquad x = a-2b.$$

Discussion. Si a est plus grand que $2b$, la valeur de x est positive et fournit la solution demandée. Si $a=2b$, on a $x=0$ et l'âge de la 1re personne est actuellement le double de celui de l'autre. Si $a<2b$, la valeur de x est négative. Mais si une équation a une racine négative $x=-\alpha$, la valeur absolue α satisfait à l'équation qu'on déduit de la proposée en y changeant x en $-x$. L'équation ainsi transformée est ici

$$(3) \qquad a-x = 2(b-x);$$

elle correspond à la question: *Combien y a-t-il de temps que le rapport des deux âges était égal à* 2? On voit donc que la valeur *négative* de x exprime un *temps déjà écoulé.*

Il est à remarquer que cette interprétation de la racine négative n'est possible dans notre problème qu'autant que $a > b$. Car si on substitue la solution $a-2b$ à la place de x dans l'équation (1), les deux membres deviennent égaux à $2(a-b)$, et cette quantité, qui représente l'âge d'une personne, serait négative si a était moindre que b, ce qui serait absurde.

Problème V. *Un capitaliste place un capital de* 1000 *marks à* 3 *pour cent par an; deux ans plus tard il en place un autre de* 900 *marks au taux de* 5 *pour cent. Dans combien de temps les capitaux auront-ils produit les mêmes intérêts?*

Solution. Soit x le nombre d'années pendant lesquelles il a prêté le premier capital. Puisque 100 marks rapportent 3 marks en 1 an, 1000 marks rapporteront 30 marks en 1 an, et $30x$ marks en x ans. Quant à l'autre capital, il est placé pendant $(x-2)$ années, et comme il rapporte 45 marks par an, il rapportera $(x-2)$ fois 45 marks pendant le temps indiqué. On a donc l'équation

$$30x = 45(x-2),$$

qui, résolue, donne

$$x = 6.$$

Le temps demandé est donc 6 ans.

Pour rendre la question plus générale, désignons les capitaux par a et a', les taux par p et p', et admettons que le capital a soit prêté n ans plus tard que le capital a'.

Puisque 100 marks rapportent p marks en 1 an,

1 mark rapportera $\frac{p}{100}$ marks . . . . . .,

donc a marks rapporteront $\frac{ap}{100}$ marks . . . . . .

et $\frac{apx}{100}$ marks en x ans.

On trouve de même que l'intérêt de a' marks, placés à p' pour cent pendant $x-n$ années, est $\frac{a'p'(x-n)}{100}$.

L'équation ainsi obtenue

$$\frac{apx}{100}=\frac{a'p'(x-n)}{100}$$

a pour racine

$$x=\frac{a'p'n}{a'p'-ap}.$$

Discussion. Cette valeur devient infinie si $a'p'-ap=0$. Lors donc que les taux sont en raison inverse des capitaux, le problème est impossible. Il en est de même lorsque le dénominateur devient négatif.

Problème VI. *Deux mobiles qui parcourent une ligne droite d'un mouvement uniforme passent au même instant, le premier au point A, l'autre au point B; ils marchent dans le même sens avec les vitesses a et b. On demande le lieu et l'époque de leur rencontre.*

Solution. Supposons que les mobiles marchent de gauche à droite et que le point A soit à droite du point B. *On appelle vitesse l'espace parcouru par le mobile dans l'unité de temps*, de sorte que le 1er mobile parcourt a mètres en une seconde, par exemple, et l'autre b mètres dans le même temps. Nous comptons le temps à partir de l'instant où les mobiles passent aux points A et B, et nous savons que la distance BA est de d mètres.

Soit x le temps exprimé en secondes après lequel les mobiles se rencontreront au point R. Le premier mobile, faisant a mètres par seconde, fera en x secondes x fois a ou ax mètres. De même, le chemin BR, parcouru par le second mobile, est bx. D'autre part, ce chemin BR doit surpasser de d mètres le chemin AR, ce qui donne $ax+d$ pour la 2e expression du chemin BR. Il vient donc l'équation

$$(1) \qquad bx=ax+d,$$

d'où l'on tire

$$(2) \qquad x=\frac{d}{b-a}.$$

En substituant cette valeur dans les expressions des chemins, on aura

$$AR = \frac{ad}{b-a}, \quad BR = \frac{bd}{b-a}.$$

Discussion. La vitesse du second mobile peut être supérieure, égale ou inférieure à celle du premier.

1. Si $b > a$, les valeurs de x, AR et BR sont positives, et la rencontre aura lieu après $\frac{d}{b-a}$ secondes, à $\frac{ad}{b-a}$ mètres à droite du point A.

2. Si $b = a$, les dénominateurs des expressions trouvées deviennent nuls, et les valeurs prennent les formes $\frac{d}{0}$, $\frac{ad}{0}$, $\frac{bd}{0}$. Dans ce cas le problème est *impossible*, ce qui s'entend de soi-même, puisque les deux mobiles ont la même vitesse et doivent, par suite, rester toujours à la même distance l'un de l'autre. Mais si on suppose à la fois $b = a$, $d = 0$, les valeurs se mettent sous la forme $\frac{0}{0}$, et le problème est *indéterminé*. En effet, les mobiles étant ensemble et marchant avec la même vitesse, s'accompagneront constamment.

3. Si $b < a$, les trois valeurs sont négatives et la rencontre ne saurait avoir lieu après l'époque du passage aux points A et B. Ce résultat est évident à priori, puisque le mobile qui va le moins vite court après l'autre et ne peut jamais l'atteindre. Cependant il est aisé de s'assurer que la valeur négative du temps indique une époque *antérieure* à l'origine des temps, et que les distances négatives doivent être portées de droite à gauche, c'est-à-dire dans un sens *opposé* à celui qu'on avait supposé dans la mise en équation.

Soient, par exemple, les vitesses a et b respectivement de 5 et de 3 mètres, et la distance AB de 40 mètres. On aura

$$x = -20, \quad AR = -100, \quad BR = -60.$$

La rencontre a donc eu lieu il y a 20 secondes, à gauche et à 60 mètres du point B.

Remarque. L'équation (1) convient aussi au cas où les mobiles se meuvent dans un sens contraire, si l'on regarde la vitesse d'un mobile comme positive ou négative suivant qu'il marche de gauche à droite ou en sens inverse.

APPENDICE.

TABLE DES PRINCIPALES FORMULES.

I. Addition.

			nos
1.	Somme.	$m+(a+b) = m+a+b$	13
2.	Différence.	$m+(a-b) = m+a-b$	23
3.	Produit.	$ma+mb = m(a+b)$	36. 74
4.	Quotient.	$\frac{a}{n}+\frac{b}{n} = \frac{a+b}{n}$	80
5.	Puissance.		
		$a^3+b^3 = (a+b)(a^2-ab+b^2)$	74
6.	Racine.		
7.	Logarithme.	$\log a_{(g)}+\log b_{(g)} = \log ab_{(g)}$	131

II. Soustraction.

			nos
1.	Somme.	$m-(a+b) = m-a-b$	22
2.	Différence.	$m-(a-b) = m-a+b$	24
3.	Produit.	$ma-mb = m(a-b)$	36. 74
4.	Quotient.	$\frac{a}{n}-\frac{b}{n}=\frac{a-b}{n}$	80
5.	Puissance.	$a^2-b^2 = (a-b)(a+b)$	68. 74
		$a^3-b^3 = (a-b)(a^2+ab+b^2)$	74
6.	Racine.		
7.	Logarithme.	$\log a_{(g)}-\log b_{(g)} = \log \frac{a}{b}_{(g)}$	132

III. Multiplication.

			nos
1.	Somme.	$(a+b)m = am+bm$	34
		$m(a+b) = ma+mb$	36
2.	Différence.	$(a-b)m = am-bm$	35
		$m(a-b) = ma-mb$	36
3.	Produit.	$ab.c = ac.b$	38
		$a.bc = abc$	39
4.	Quotient.	$\frac{a}{b}\cdot c = \frac{ac}{b}$	51
		$a\cdot\frac{b}{c} = \frac{ab}{c}$	53
		$\frac{a}{b}\cdot\frac{c}{d} = \frac{ac}{bd}$	54
5.	Puissance.	$a^n.a^p = a^{n+p}$	61
		$a^n.b^n = (ab)^n$	63
6.	Racine.	$\sqrt[n]{a}.\sqrt[n]{b}. = \sqrt[n]{ab}$	111
7.	Logarithme.	$n.\log a_{(g)} = \log a^n{}_{(g)}$	133
		$\log a_{(b)}.\log b_{(g)} = \log a_{(g)}$	135
		$\log g_{(h)}.\log b_{(g)} = 1$	135

IV. Division.

		nos
1. Somme.	$\frac{a+b}{n} = \frac{a}{n} + \frac{b}{n}$	44
2. Différence.	$\frac{a-b}{n} = \frac{a}{n} - \frac{b}{n}$	44
3. Produit.	$\frac{ab}{c} = \frac{a}{c} \cdot b$	45
	$\frac{a}{bc} = \frac{a}{b} : c$	46
4. Quotient.	$\frac{a}{b} : c = \frac{a}{bc}$	51
	$a : \frac{b}{c} = \frac{ac}{b}$	55
	$\frac{a}{b} : \frac{c}{d} = \frac{ad}{bc}$	56
5. Puissance.	$\frac{a^n}{a^p} = a^{n-p}$	62
	$\frac{a^n}{b^n} = \left(\frac{a}{b}\right)^n$	64
6. Racine.	$\frac{\sqrt[n]{a}}{\sqrt[n]{b}} = \sqrt[n]{\frac{a}{b}}$	112
7. Logarithme.	$\frac{1}{n} \log a_{(g)} = \log \sqrt[n]{a}_{(g)}$	134
	$\frac{\log a_{(g)}}{\log b_{(g)}} = \log a_{(b)}$	135
	$\frac{1}{\log b_{(g)}} = \log g_{(b)}$	135

V. Élévation aux puissances.

		nos
1. Somme.	$a^{n+p} = a^n . a^p$	61
	$(a+b)^2 = a^2+2ab+b^2$	68
	$(a+b)^3 = a^3+3a^2b+3ab^2+b^3$	68
2. Différence.	$a^{n-p} = \frac{a^n}{a^p}$	62
	$(a-b)^2 = a^2-2ab+b^2$	68
	$(a-b)^3 = a^3-3a^2b+3ab^2-b^3$	68
3. Produit.	$(ab)^n = a^n . b^n$	63
	$a^{np} = (a^n)^p = (a^p)^n$	65
4. Quotient.	$\left(\frac{a}{b}\right)^n = \frac{a^n}{b^n}$	64
	$a^{\frac{p}{n}} = \sqrt[n]{a^p} = \left(\sqrt[n]{a}\right)^p$	118
5. Puissance.	$(a^n)^p = a^{np}$	65
6. Racine.	$\left(\sqrt[n]{a}\right)^p = \sqrt[n]{a^p}$	114
7. Logarithme.		

VII. Loga

1. Somme.		
2. Différence.		
3. Produit.	$\log ab = \log a + \log b$	131
4. Quotient.	$\log \frac{a}{b} = \log a - \log b$	132

VI. Extraction des racines.

		nos
1. Somme.		
2. Différence.		
3. Produit.	$\sqrt[n]{ab} = \sqrt[n]{a} . \sqrt[n]{b}$	111
	$\sqrt[np]{a} = \sqrt[n]{\sqrt[p]{a}} = \sqrt[p]{\sqrt[n]{a}}$	115
4. Quotient.	$\sqrt[n]{\frac{a}{b}} = \frac{\sqrt[n]{a}}{\sqrt[n]{b}}$	112
5. Puissance.	$\sqrt[n]{a^p} = \left(\sqrt[n]{a}\right)^p = a^{\frac{p}{n}}$	114. 118
6. Racine.	$\sqrt[n]{\sqrt[p]{a}} = \sqrt[np]{a}$	115
7. Logarithme.		

rithme.

5. Puissance.	$\log a^n = n \log a$	133
6. Racine.	$\log \sqrt[n]{a} = \frac{1}{n} \log a$	134
7. Logarithme.		

Formules relatives aux nombres algébriques.

		nos
1. Addition.	$m+(+a) = m+a$	29
	$m+(-a) = m-a$	
2. Soustraction.	$m-(+a) = m-a$	31
	$m-(-a) = m+a$	
3. Multiplication.	$(+a).(+b) = (-a).(-b) = +ab$ . . .	40
	$(+a).(-b) = (-a).(+b) = -ab$	
4. Division.	$\frac{+a}{+b} = \frac{-a}{-b} = +\frac{a}{b}$	47
	$\frac{+a}{-b} = \frac{-a}{+b} = -\frac{a}{b}$	
5. Puissance.	$(+a)^n = +a^n$	60
	$(-a)^{2n} = +a^{2n}$	
	$(-a)^{2n-1} = -a^{2n+1}$	
	$a^{-n} = \frac{1}{a^n} = \left(\frac{1}{a}\right)^n$	66
6. Racine.	$\sqrt[2n]{+a} = \pm\sqrt[2n]{a}$	125
	$\sqrt[2n]{-a}$ imaginaire	
	$\sqrt[2n+1]{+a} = +\sqrt[2n+1]{a}$	
	$\sqrt[2n+1]{-a} = -\sqrt[2n+1]{a}$	
7. Logarithme.	$\log(-a)_{(+g)}$ imaginaire	129

Bei Fragen zur Produktsicherheit wenden Sie sich bitte an:
If you have any questions regarding product safety,
please contact:

Walter de Gruyter GmbH
Genthiner Straße 13
10785 Berlin
productsafety@degruyterbrill.com